Ihr Hobby
Perserkatzen

Dominik Kieselbach

bede bei Ulmer

INHALTSVERZEICHNIS

Wir bedanken uns bei folgenden Personen, die uns mit Bildmaterial unterstützt haben:
Caroline und Bernd Brinkmann, Isabelle Francais
Michaela Deneke, Folletto's Perserkatzen, Balingen
Bärbl und Rainer Feller, Perser vom Goldlandl, Ehrwald, Österreich
Melanie Händl, Dreamscape Perser, Großostheim
Brigitte Kätsch, Mannheim, Karin Kreisel, Perser von Mahdach, Reutlingen
Heidi Mehner, El-Araby's, Lahr
Sabine Neiß, Tendertabbies Perser und Colourpoints, Pocking
Hildegard Schneider, Puca's, Riederich
Christine Werrmann, Rassekatzen von der Südhöhe, Dresden

Bibliografische Information der Deutschen Nationalbibliothek
Die Deutsche Nationalbibliothek verzeichnet diese Publikation in der Deutschen
Nationalbibliografie; detaillierte bibliografische Daten sind im Internet über http://dnb.d-nb.de
abrufbar.

© 2010 Eugen Ulmer KG
Wollgrasweg 41, 70599 Stuttgart (Hohenheim)
E-Mail: info@ulmer.de
Internet: www.ulmer.de
Titelfoto: Juniors Bildarchiv
Umschlagentwurf: Sojus Design, Kai Twelbeck, Stuttgart
Fachliche Durchsicht: Bärbl und Rainer Feller
Druck und Bindung: Westermann Druck, Zwickau
Printed in Germany

ISBN 978-3-8001-6761-6

Katzen üben eine ganz besondere Faszination auf den Menschen aus. Im alten Ägypten wurden sie als Gottheiten verehrt, im Europa des Mittelalters zusammen mit Hexen gejagt und getötet. Die Gefühle diesen Tieren gegenüber waren schon immer von starken Emotionen geprägt. Nun haben Sie sich zum Kauf einer Rassekatze entschieden.

Die Perser ist eine der, wenn nicht sogar die bekannteste Rassekatze. Ihr langes Haar, der markant runde Kopf mit den großen Augen und der kurzen Schnauze sind ebenso ihre Erkennungsmerkmale wie ihr ruhiges Wesen und ihre anhängliche, verschmuste Art. Allenfalls die Siam genießt eine ähnliche Popularität.

Die Perser wird häufig als die ideale Wohnungskatze bezeichnet. Ihre ausgeglichene, ruhige Wesensart scheint sie auch wirklich hierzu zu machen. Sie liebt den Kontakt zu ihren Menschen und ist auch Kindern gegenüber zugänglich. Ihr langes Fell bedarf einer nicht zu unterschätzenden Pflege, ist aber auch sehr kuschelig und warm. Die Perser ist eine wahre Schmusekatze. Manchen scheint sie etwas verwöhnt und träge vorzukommen. Diese Katze weiß eben genau, was gut ist und was sie ihrem Besitzer wert ist. Trotz aller Menschenliebe hat sie aber auch ihren eigenen Kopf behalten. Jede Perser hat ihre eigene Persönlichkeit. Wer sich bei seiner Suche nach seiner Katze für die Perser entscheidet, nimmt ein liebevolles Geschöpf bei sich auf, das ihm seine Liebe vielfach zurückgeben wird.

So schön sieht eine gesunde, gut gepflegte Perser aus. Sie gilt als ideale Wohnungskatze, doch macht die Pflege des Fells auch viel Arbeit. Foto: M. Deneke

Geschichte der Rasse

Die Domestikation der Katze

Niemand kann mit Sicherheit sagen, wann und wo die ersten wilden Katzen ihren Weg zum Menschen gefunden haben. Doch es gibt einige Theorien, wie die Domestikation stattgefunden hat, und verschiedene Anhaltspunkte dafür, wo die Katze domestiziert wurde.

Vermutlich hat der Mensch die ersten Katzen nicht aktiv zu sich geholt. Wahrscheinlicher ist es, dass die Katze selbst die Nähe zu menschlichen Siedlungen suchte. Dies vor allem zu den Zeiten, in denen der Mensch sesshaft wurde und Ackerbau betrieb, denn die Kornkammern lockten Mäuse und andere Kleinnager in Scharen an – perfekte Bedingungen für die geschickten Jäger.

Der Mensch bemerkte die Fähigkeiten der Katzen und den daraus für ihn resultierenden Nutzen sicher schnell. Er duldete die Katzen nicht nur, er war ihnen in den meisten Fällen bestimmt auch freundlich gesonnen. Dennoch waren dies Zeiten, in denen Mensch und Katze noch nicht unter einem Dach lebten – sie lebten nebeneinander her und nicht miteinander. Doch dies schien nunmehr nur eine Frage der Zeit zu sein.

Es war ein langer Weg von den einst wildlebenden Vorfahren der Hauskatze bis hin zur verschmusten Perser.
Foto: B. Feller

Einteilung der Rassekatzen

Es gibt leider nicht die eine, weltweit anerkannte Einteilung der Rassekatzen. Das liegt vor allem daran, dass es weltweit und sogar innerhalb Deutschlands verschiedene Verbände gibt, deren Einteilungen sich zumindest leicht unterscheiden. Einer der größten europäischen Verbände ist die FIFé, die Fédération Internationale Féline. Sie fasst sinnvollerweise nahe verwandte und ähnliche Rassen in folgenden Gruppen zusammen.

- **Langhaar**
- **Semilanghaar**
- **Kurzhaar**
- **Siamesen und Orientalisch Kurzhaar**
- **Hauskatzen**

Langhaarkatzen

Die Ahnen unserer Hauskatze hatten kurzes Fell, welches selbst gut sauber gehalten werden kann .Das lange Haar mancher Rassen ist das Produkt gezielter Weiterzucht. Das Gen für die Langhaarigkeit wird rezessiv vererbt. Sind also beide Eltern langhaarig, kann es nur langhaarige Welpen geben.

Evolutionsbiologisch könnte man vermuten, dass die Katzen mit der geringsten Scheu vor dem Menschen die größte Beute in seinen Siedlungen machten. Dies wiederum führte dazu, dass sie gesünder und kräftiger waren und sich somit auch häufiger fortpflanzten. So wurden in der Nähe von menschlichen Siedlungen verstärkt Katzen geboren, denen die natürliche Scheue vor dem Menschen immer mehr fehlte.

Verhaltensbiologisch gesehen könnten auch Katzen, die positive Erfahrungen in der Nähe des Menschen gesammelt haben, diese an ihre Jungen weitergegeben haben, indem sie mit ihnen von Beginn an häufiger menschliche Siedlungen zur Jagd aufsuchten.

Eine andere Entwicklung erscheint allerdings am wahrscheinlichsten: Es blieb nicht aus, dass erste Welpen in menschlicher Obhut geworfen und aufgezogen wurden. Manche Kätzchen, deren Mütter die Geburt nicht überlebten, wurden sogar von Menschenhand großgezogen. Diese Katzen waren von Geburt an an den Menschen gewöhnt. Einige von ihnen verließen wahrscheinlich auch als erwachsene Katzen den Menschen nicht mehr. So wurde die Beziehung Mensch-Katze immer enger. Wir haben also eine recht genaue Vorstellung davon, wie die Domestikation der Katze vonstatten gegangen ist. Wo sich das geschilderte Zusammenwachsen allerdings abspielte, kann bislang nicht abschließend beantwortet werden. Es ist sogar noch strittig, welche Wildkatzenart der Stammvater unserer Haus- und Rassekatzen ist. Wahrscheinlich ist die Afrikanische Wildkatze, *Felis lybica*, die Ahnin der modernen Katzen. Die nahe verwandten Arten, die Europäische Wildkatze, *Felis silvestris*, und die Dschungelkatze, *Felis chaus*, gehören wahrscheinlichen auch zu den Vorfahren. Diese drei Arten sind sehr eng miteinander verwandt und untereinander fortpflanzungsfähig.

Die Perser gibt es heute in so viel verschiedenen Farbschlägen und Zeichnungsvarianten wie keine andere Rassekatze.
Foto:
I. Francais

Manche Wissenschaftler sehen in ihnen sogar nur Unterarten. Den Ursprung der Hauskatzen vermuten die meisten Wissenschaftler in Ägypten. Nicht zuletzt, weil hier auch die größte Verehrung dieser Tiere stattfand. Auch wenn man davon ausgeht, dass die Katze nicht in Ägypten domestiziert wurde, sondern bereits zahme Exemplare auf verschiedenen Handelswegen aus dem Orient in das Land kamen, so ging zumindest die Verbreitung sehr wahrscheinlich von Ägypten aus.

Nach Europa kamen die Katzen über Griechenland und Italien. Wann dies allerdings der Fall war, kann man kaum rekonstruieren. Sicher scheint jedoch, dass die ersten Katzen schon weit vor der ersten Jahrtausendwende ihren Weg zu uns fanden.

Die Geschichte der Perser

Über die genaue Abstammung der Perser wurden schon viele Vermutungen angestellt, eine wirklich bewiesene Theorie gibt es aber bis heute nicht. Der wahrscheinlichsten und auch am häufigsten publizierten Annahme folgend gelangten die Ahnen der Perser im 16. Jahrhundert aus der Türkei in das restliche Europa, vor allem nach Italien und Frankreich. Die aus der Türkei stammenden langhaarigen und vor allem weißen Katzen waren mit hoher Sicherheit die heute auch als eigene Rasse anerkannten Türkisch Angora. Ob die Perser durch gezielte Zucht aus der Angora hervorging, andere Katzen eingekreuzt wurden oder neben der Angora doch auch Katzen, die bereits dem Perser-Typ entsprachen, ins westliche Europa kamen, bleibt der Legendenbildung und Spekulation unterworfen.

Die ersten langhaarigen Katzen gibt es im Gebiet der heutigen Türkei vermutlich schon vor vielen hundert Jahren. Ob alle langhaarigen Katzen auf türkische Ahnen zurückgeführt werden können, ist noch nicht schlüssig beantwortet.
Foto:
I. Francais

Haartypen

Das Fell der Katze besteht ursprünglich aus drei Haartypen: Dem Leithaar, es bildet alleine das sogenannte Deckhaar, dem Grannen- und dem Unterhaar, welche zusammen auch als Unterwolle bezeichnet werden. Die längeren Sinneshaare, beispielsweise die Schnurrhaare, sind von ihrem Ursprung her Leithaare.

Schein und Sein

Man unterscheidet nicht nur in der Rassezucht zwischen dem Phänotyp, der äußeren Erscheinung, und dem Genotyp, dem genetischen Material eines Lebewesens. Ziel der Reinzucht ist es, neben einem einheitlichen Erscheinungsbild einer Rasse auch den Genotyp zu festigen. Dies gelingt bei rezessiven Genen besonders gut, da diese nur dann ausgeprägt sind, wenn sie reinerbig vorliegen.

Exotic Shorthair, Foto: H. Schneider

Wenngleich das dichte Fell die Perser vor Kälte schützen würde, ist sie am liebsten in der warmen Wohnung und lässt sich von ihren Menschen verwöhnen.
Foto: B. Feller

Sicher ist nur, dass bis zum Ende des 19. Jahrhunderts zwischen den beiden langhaarigen Rassen Türkisch Angora und Perser nicht wirklich unterschieden wurde. Auf der ersten Katzenausstellung 1871 im Crystal Palace von London wurden Katzen von beiden Typen gezeigt. Auch in den folgenden Jahren wurden beide Schläge untereinander verpaart. Jedoch lag das Zuchtziel schon bald näher an dem kurzschnäuzigen, dichter behaarten Typ der heutigen Perser. Die Türkisch Angora wurde immer mehr in den Hintergrund gedrängt, bis sie fast in Vergessenheit geriet. Spezielle Zuchtprogramme des Zoos von Ankara halfen aber, die Rasse zu retten. Leider werden hier nur weiße Katzen gezüchtet, obwohl viele Verbände inzwischen auch andere Farben akzeptieren. Die FIFé tut dies seit 1995.

Inzwischen gibt es die Perser in den verschiedensten Farbschlägen. Sie ist die verbreitetste Rassekatze auf der Welt und auch die bekannteste. Auf dem Weg dorthin wurden die verschiedensten anderen Katzen eingekreuzt. Dies stieß unter den Züchtern nicht immer auf Verständnis und Akzeptanz. Dementsprechend wird die Einteilung der Perser und ihrer verwandten Rassen innerhalb der verschiedenen Verbände weltweit unterschiedlich gehandhabt. Zu erwähnen sind hier vor allem die innerhalb der FIFé als Colourpoint geführte Kreuzung aus Perser und Siam, die in ihrer Statur und Kopfform der Perser gleicht, aber die typische Pointed-Zeichnung der Siam trägt, und die Kreuzung aus American Shorthair und Perser, die die FIFé als Exotic Shorthair anerkannt hat. In Amerika heißt die Colourpoint Himalayan, andere Verbände registrieren die Colourpoint als zulässige Farbvariante der Perser.

Die beiden verwandten Rassen gehen beide auf Zuchtprogramme der 1950er Jahre in England (Colourpoint) und in Amerika (Exotic Shorthair oder Himalayan) zurück.

Die Perser gibt es inzwischen in einer sehr großen Anzahl von verschiedenen Farben. Die Katzen können ein- bis dreifarbig sein, als Zeichnungsvarianten treten gestromt, getigert und getupft auf. Inzwischen gibt es weltweit an die einhundert Farbvarianten, die aber nicht von allen Verbänden anerkannt werden.

Geliebt und verfolgt

Die Sympathien, die der Katze entgegengebracht wurden, waren nicht in allen Ländern und zu allen Zeiten gleich groß. Den Höhepunkt ihrer Beliebtheit und gotthaften Verehrung erreichte sie etwa 1000 v. Chr. in Ägypten. Als Katzengöttin Bastet verehrt, stand sie für Sanftmut und sollte die Menschen vor bösen Einflüssen und Krankheit schützen. Der Tiefpunkt in der Geschichte der Katzen liegt im westlichen Europa des Mittelalters zwischen dem 13. und dem 17. Jahrhundert. Die Katzen wurden verfolgt und getötet. Man brachte sie mit Hexerei in Verbindung und verfolgte sie als Götzenbilder eines heidnischen Kultes.

Jede Katze ist ein Individuum und es wäre verkehrt, alle Perser über einen Kamm zu scheren. Aber Rassekatzen unterscheiden sich nicht nur durch äußerliche Merkmale, sondern zeigen auch ganz typische Verhaltensweisen und Wesenszüge. Diese können bei der einen Katze stärker und bei der anderen schwächer ausgeprägt sein, doch sind sie in der Regel vorhanden und somit für die Rasse als typisch anzusehen.

Der Charakter der Perser

Die Perser wird häufig als die ideale Wohnungskatze bezeichnet. In der Tat ist sie dies auch, wenn man sich nicht an den langen Haaren und der regelmäßigen Fellpflege stört.

Foto: B. Feller

Einflüsse der Perser

Die Perser hat die Katzenzucht wie kaum eine andere Rasse beeinflusst. Ihre typische Kopfform und ihr langes Haar sind zwei der Gründe, warum sie immer wieder zur Veredelung bestehender Rassen oder der Schaffung neuer gedient hat. Am deutlichsten wird dies natürlich bei den Varianten der Perser Exotic Shorthair und Colourpoint, aber auch die American Shorthair kann bis heute nicht verbergen, dass einige Perser ihre Zuchtlinien durchkreuzten.

Die Perser ist aber keine aktive Katze zum Herumtollen. Natürlich toben auch junge Perser gerne und spielen viel, aber das lässt beim Heranwachsen schneller nach als bei vielen anderen Rassen. Sie genießt den Komfort und die Liebe der Halter. Sie lässt sich gerne streicheln und geht einem Streit oder Stress lieber aus dem Weg, als ihre Krallen auszufahren oder zu fauchen. Sie ist somit eine ideale Familienkatze auch bei kleineren Kindern im Haushalt. Die Perser wird eher ein ruhigeres Plätz- chen aufsuchen, wenn sie sich von zu viel Liebe der Kinder bedrängt fühlt, als einmal die Tatzen sprechen zu lassen.

Die Perser ist eine kleine Diva. Sie fordert es regelrecht ein, verwöhnt zu werden. Ihre majestätische Art lässt auch kaum etwas anderes zu.

Auf keinen Fall ist die Perser gerne allein. Wenn Sie berufstätig sind und tagsüber häufiger niemand zu Hause ist, dann schaffen Sie sich lieber gleich zwei Katzen an – am besten aus dem gleichen Wurf.

Manche Halter wollen einen Zusammenhang zwischen der Farbe ihrer Katze und ihrem Wesen erkannt haben. Ob es diesen wirklich gibt, ist ungeklärt.
Foto: I. Francais

Der typische Perser-Halter

Wer sich eine Perser anschafft, der sucht eine ruhige Katze, einen anschmiegsamen Begleiter und einen sensiblen Mitbewohner. Der ideale Halter einer Perser muss sich vollends darüber im Klaren sein, dass seine Katze nicht gerne alleine ist und eine nicht zu unterschätzende Fellpflege benötigt.

Der FIFé-Standard der Perser

Größe Groß bis mittelgroß.

Kopf Rund und massiv, gut proportioniert, sehr breiter Schädel.

Stirn Gerundet.

Wangen Voll.

Nase Kurz, breit, mit einem „Stop", aber keine Stupsnase. Der Stop muss zwischen den Augen sein, er darf weder oberhalb noch unterhalb der Augenlider liegen.

Kinn Stark.

Kiefer Breit und kräftig.

Ausdruck Schön offen.

Ohren Die Form klein, Spitzen gerundet, mit Haarbüschel Platzierung sehr weit auseinander, niedrig platziert.

Augen In der Form groß, rund und offen, weit auseinander platziert. In der Farbe leuchtend und ausdrucksvoll, wie bei der jeweiligen Farbvarietät angegeben.

Hals Groß und kräftig.

Figur Gedrungen, auf niedrigen Beinen, breite Brust; Schulter und Rücken massiv und muskulös.

Beine Kurz und kräftig.

Pfoten Groß und rund, kräftig; Büschel zwischen den Zehen werden bevorzugt.

Schwanz Kurz und gut behaart, aber in Proportionen zur Länge des Körpers, Ende leicht gerundet.

Fell Struktur lang und dicht, feine und seidige Textur (nicht wollig); eine volle Halskrause um Schulter und Brust.

Fehler, die das Zertifikat ausschließen

Kopf Schädeldeformationen, die zu einem asymmetrischen Gesicht und/oder Kopf führen.

Gebiss Ständig heraushängende Zunge und/oder hervorstehende Zähne.

Körper Jede deutliche Deformation des Rückgrades, jede Schwäche der hinteren Partie.

Der Standard

Für jede Rassekatze gibt es einen Standard. Der Standard beschreibt den idealen Vertreter dieser Rasse. Wie auch bei der Rasseeinteilung gibt es leider keinen alleinigen weltweit gültigen Standard für die Perser. Vielmehr gibt jeder Verband seinen eigenen Standard heraus oder erkennt einen der anderen auch für sich an. Der abgedruckte Standard ist von der FIFé.

Der Rassestandard für die Exotic Shorthair und die Perser ist bis auf die Felllänge fast identisch.
Foto: B. Kätsch

Verwandte Rassen

Die Perser ist sehr eng mit zwei anderen Rassen verbunden: der Exotic Shorthair und der Colourpoint. Beide Rassen sind Zeichnungsvarianten der Perser und es verwundert nicht, dass sich alle drei in ihrem Charakter sehr ähnlich sind. Vor allem die von der Perser bekannte Ruhe, Ausgeglichenheit und Friedfertigkeit sind allen diesen Katzen gemein.

Exotic Shorthair

Die Exotic Shorthair ist eine amerikanische Züchtung. In den 1950er Jahren kreuzten amerikanische Züchter verstärkt Perser in ihre Kurzhaar-Katzen ein, um einen Katzen-Typ zu erhalten, der vor allem in seiner Kopfform dem Schönheitsideal der Zeit besser entsprach und so bessere Chancen auch auf Ausstellungen hatte. Dies musste selbstredend zu Streitigkeiten zwischen den Züchtern der Kurzhaar-Katzen führen, die in einer Trennung der Rasse in American und Exotic Shorthair endeten. Die Exotic Shorthair wird in allen Perser-Farben gezüchtet und entspricht in ihrer Statur, Kopfform und ihrem Wesen einer Perser. Einfach gesagt ist die Exotic Shorthair eine Perser – mit kurzem Fell.

Freundschaften zwischen Ratten und Katzen sind nicht unmöglich, ...
Foto:
I. Francais

... aber ihren natürlichen Jagdinstinkt haben auch unsere modernen Rassekatzen nicht verloren.
Foto:
I. Francais

Colourpoint

Schon zu Beginn des 20. Jahrhunderts gab es in Amerika Bemühungen, Perserkatzen mit der typischen Pointed-Zeichnung einer Siam zu züchten. Die durchgeführten Paarungen brachten jedoch nicht den gewünschten Erfolg, zumindest nicht über mehrere Generationen. Die heutige Colourpoint ist eine englische Züchtung. In den 1950er Jahren gelang dem Engländer Brian Sterling-Webb auf der Insel das, worum sich amerikanische Züchter lange Zeit vergeblich bemühten. Die Perser mit der Siam-Zeichnung wurde schon fünf Jahre später, im Jahr 1955, in England als eigene Rasse unter dem Namen Colourpoint anerkannt.

Die Zucht dieser Rasse ist nicht ganz einfach, denn sowohl die Zeichnung als auch die Langhaarigkeit werden rezessiv vererbt. Das zur Typstärkung notwendige Einkreuzen von Persern bringt in der ersten Generation demnach immer nur typische Perser ohne die gewünschten Colourpoints. In manchen Verbänden wird die Colourpoint unter dem Namen Himalayan registriert, so beispielsweise in den USA; andere erkennen sie als Varietät der Perser an. Die FIFé registriert sie, ebenso wie die englischen Verbände, als Colourpoint.

Die Colourpoint wird in Deutschland als eigene Rasse registriert. Sie ist in ihrem Wesen und ihren Haltungsansprüchen mit der Perser identisch. Foto: I. Francais

Auch die weltweit so beliebte Perser gefällt bestimmt nicht jedem Katzenliebhaber. Schönheit liegt bekanntlich im Auge des Betrachters. Foto: I. Francais

Eine Katze kommt ins Haus

Überlegungen vor dem Kauf

So sehr Sie auch von dem Gedanken fasziniert sein mögen, mit einer Katze zusammenzuleben, es gibt einige Dinge, die Sie vor der Anschaffung unbedingt bedenken müssen. Nicht wenige Menschen sind gegen Katzenhaare allergisch. Sollte auch nur ein Mitglied Ihres Haushaltes an solch einer Allergie leiden, müssen Sie von der Anschaffung unbedingt absehen. Eine Desensibilisierung, die bei Heuschnupfen und manch anderer Allergie helfen kann, hat hier kaum Erfolg. Der Allergiker ist den Haaren massiv und ständig ausgesetzt, was entweder sofort oder auf Dauer zu schweren Gesundheitsproblemen führen kann.

Grundsätzliche Überlegungen

Vor dem Kauf einer Katze fragen Sie sich, ob

- kein Haushaltsmitglied eine Allergie gegen Katzenhaare hat.
- Ihr Vermieter die Haltung gestattet.
- Sie täglich die Zeit für Pflege, Spiel- und Streichelstunden haben.
- Sie das Geld für Zubehör, Futter und Tierarztbesuche aufbringen können und wollen.

Nur wenn Sie alle diese Fragen positiv beantworten können, sollten Sie sich eine Katze anschaffen.

So niedlich diese Katzen auch aussehen und so gerne Sie vielleicht eine hätten, wenn Sie auf Katzenhaare allergisch reagieren, müssen Sie auf diesen Hausgenossen verzichten.
Foto: B. Feller

Kosten der Katzenhaltung

Die Anschaffungskosten einer Rassekatze und der ersten Grundausrüstung ist nicht billig. Rechnen Sie mit etwa 500 € für eine gute Katze und nochmals etwa 200 € für die Grundausstattung. An laufenden Kosten für Futter, Streu und Spielzeug fallen etwa 50 € im Monat an. Hinzu kommen Tierarztkosten für die jährlichen Impfungen, die Grunduntersuchung und die Entwurmungen. Sollte Ihre Katze einmal erkranken, kann die Behandlung sehr kostspielig werden.

Ausstellen oder züchten?

Rassekatzen müssen, soll mit ihnen gezüchtet werden oder sollen sie erfolgreich an Ausstellungen teilnehmen, dem Standard entsprechen. Solche Zuchtkatzen sind teuer. Günstiger sind Katzen, die kleine Schönheitsfehler aufweisen und vom Züchter als sogenannte Liebhaberkatzen verkauft werden. Solche Katzen sind nicht weniger liebenswert oder gar zweite Wahl, meist sind es nur geringe Farb- oder Zeichnungsfehler, die sie von der weiteren Zucht ausschließen.

Bevor Sie sich eine Katze oder besser gleich zwei anschaffen, müssen Sie sich der Verantwortung, die Sie für die Tiere übernehmen, bewusst sein.
Foto:
H. Schneider

Wenn Sie zur Miete wohnen, sollten Sie Ihren Vermieter um eine schriftliche Einverständniserklärung bitten, in der Ihnen die Haltung gestattet wird. Rechtlich gesehen hat der Vermieter die Haltung einer Katze zu gestatten, auch wenn diese im Mietvertrag verboten ist. Die Katzenhaltung gehört heutzutage zum normalen Wohnkomfort, solange keine Belästigung anderer Mieter entsteht. Dies ist vor allem dann der Fall, wenn viele Katzen gehalten werden, die Katzen nicht kastriert wurden und lautstark nach einem Partner rufen, oder wenn gar gezüchtet wird.

Der Zeitaufwand, den die Katzenhaltung mit sich bringt, ist ein weiterer Punkt, den es sorgfältig zu überdenken gilt. Ihre Katze möchte nicht nur täglich gefüttert werden, sie braucht Ihre Zuwendung, Streicheleinheiten, Spielstunden und muss gepflegt werden. Insgesamt müssen Sie hierfür mindestens drei Stunden täglich einrechnen. Bei einer Perser ist der tägliche Aufwand für die Fellpflege besonders zu bedenken. Sie muss täglich gekämmt und gebürstet werden, will man ihr Fell in einem tadellosen Zustand halten. Hierfür allein benötigen Sie eine gute Viertelstunde am Tag.

Die finanziellen Aufwändungen sollten Sie ebenfalls nicht unterschätzen. Neben den einmaligen Anschaffungskosten entstehen Ihnen für Futter, Streu, Spielzeug und Tierarztbesuche regelmäßige Kosten. Auf das Jahr umgerechnet sind dies je nach Art des verwendeten Futters mindestens 50 bis über 100 Euro monatlich.

Woher bekomme ich meine Katze?

Sie haben sich aufgrund ihres Aussehens und Wesens für den Kauf einer Rassekatze entschieden. Nun erwarten Sie von Ihrem künftigen Mitbewohner natürlich genau diese rassetypischen Eigenschaften. Außerdem möchten Sie ein körperlich und geistig gesundes Tier erhalten. Dies ist nur dann gewährleistet, wenn Sie die Katze aus vertrauensvollen Händen erwerben.

Wenn Sie Ihr Kätzchen beim Züchter abholen, ist es bereits zwölf Wochen alt. Früher darf es nicht von der Mutter und den Geschwistern getrennt werden. Foto: B. Feller

Wichtige Unterlagen

Sie erhalten vom Züchter, wenn Sie das Kätzchen bei ihm abholen, den Impfpass, in dem alle Impfungen und Termine eingetragen sind, den Abstammungsnachweis, in dem die Ahnen des Kätzchens eingetragen sind – dieser wird eventuell nachgereicht, da das Ausstellen manchmal etwas länger dauern kann. Auch wenn ein mündlich geschlossener Kaufvertrag gültig ist, sollte dieser aus Beweisgründen, gerade wenn Nebenabsprachen getroffen wurden, zusätzlich schriftlich aufgesetzt werden.

Katzen brauchen den Kontakt zum Menschen – von Geburt an. Kein seriöses Zoogeschäft verkauft Ihnen darum eine Katze, denn der ständige Kontakt zum Menschen ist hier nicht möglich.

Idealerweise erwerben Sie Ihre Rassekatze bei einem Züchter, der Mitglied in einem seriösen Klub ist und seine Katzen bei sich in der Wohnung großzieht.

Es gibt viele giftige Pflanzen, die der Gesundheit Ihrer Katze schaden können, wenn diese sie frisst.
Foto: H. Mehner

Katzensicher?

Wenn eine Katze zu Ihnen ins Haus kommt, muss die Umgebung katzensicher gemacht werden. Achten Sie darauf, dass sich keine giftigen Pflanzen, Putzmittel oder auch Medikamente und Chemikalien in Reichweite der Katze befinden. Stellen Sie auch sicher, dass alle Einrichtungsgegenstände sicher stehen und nicht umkippen können, wenn die Katze hinaufspringt. Damit Ihre Katze nicht vom Balkon springen kann, sollte dieser mit einem Katzenschutznetz gesichert sein.

Solch ein Fenstergitter, das jeder Größe angepasst werden kann, schützt ihre Katze vor lebensgefährlichen Stürzen und verhindert, dass sie wegläuft.
Foto: Firma Plantex

Vorsicht Fenster!

Kippfenster sind eine tödliche Falle für Katzen. Wenn sie versuchen, durch den Spalt ins Freie zu gelangen, können sie mit dem Kopf zwischen Fenster und Rahmen steckenbleiben. Ein offenes Fenster verleitet eine Katze zu gefährlichen Sprüngen. Im Handel gibt es für beide Fälle spezielle Sicherungen.

Nicht immer benehmen sich Hund und Katze so, wie es das Sprichwort prophezeit. Foto: B. Feller

Katzen und andere Haustiere

Wenn sie von klein auf aneinander gewöhnt werden, verstehen sich Katzen mit vielen Haustieren – selbst mit Hunden und kleinen Nagern. Doch sollten Sie gerade im Spiel mit Kleinnagern, der natürlichen Beute jeder Katze, keine Experimente wagen. Die Gewöhnung an Hunde funktioniert meist gut.

Eine zweite Katze

Es gibt keine Katze, die lieber alleine lebt. Am einfachsten ist es, wenn Sie gleich zu Beginn zwei Katzen aus einem Wurf erwerben, die sich sicher gut verstehen werden. Besitzen Sie bereits eine Katze, gelingt die Gewöhnung an eine junge Katze von maximal drei bis vier Monaten am problemlosesten.

Zwei Welpen aus dem gleichen Wurf werden sich auch als erwachsene Katzen gut verstehen. Foto: H. Mehner

Auswahl des Züchters

Züchteradressen erhalten Sie von jedem Katzenverein. Es gibt einen angesehenen intenationalen Dachverband der Rassekatzenzüchter, die FIFe (Fédération Internationale Féline). Der Deutsche Dachverband, der 1. DEKZV e.V. (1. Deutsche Edelkatzenzüchterverband, wie Rassekatzen auch oft genannt werden), ist Mitglied dieser Organisation. Fragen Sie bei den Züchtern nach, ob Würfe geplant sind oder gerade Kätzchen zum Verkauf angeboten werden. Häufig wird das englische Wort kitten (Kätzchen) für die jungen Katzen verwendet. Die kitten-Vermittlung der Vereine weiß immer, welcher Züchter gerade einen Wurf hat oder plant.

Besuchen Sie unbedingt verschiedene Züchter und finden Sie heraus, welcher Ihnen mit seinen kitten am meisten zusagt. Ein seriöser Züchter züchtet nur mit rassereinen Katzen, die einen gesicherten Stammbaum vorweisen können. Seine Katzen sind gesund und zeigen einen guten Charakter. Er betreibt die Zucht aus Passion und als Hobby, denn man kann damit nicht das große Geld verdienen. Er wird sich sehr für das neue zu Hause seiner Kätzchen interessieren und Ihnen viele Fragen stellen. Manche Züchter lassen es sich auch nicht nehmen, den neuen Besitzern das Kätzchen nach Hause zu bringen. Nutzen Sie diese Chance, denn der erfahrene Blick des Züchters wird bestimmt noch die eine oder andere gefährliche Stelle in Ihrer Wohnung beseitigen helfen. Die jungen Katzen werden frühestens mit zwölf Wochen abgegeben, meist erst mit dem Vollenden der sechzehnten Lebenswoche. Bis dahin sorgen sich die Katzen-

Katze oder Kater?

Wenn Sie mit Ihrer Katze nicht züchten, werden Sie sie kastrieren lassen. Die Unterschiede im Verhalten sind dann kaum mehr spürbar. In der Größe variieren männliche und weibliche Katzen leicht. Die Männchen sind meist etwas größer und massiver.

Foto: B. Feller

mutter und der Züchter um die Kleinen. Wenn Sie Ihre Katze im Alter von zwölf Wochen abholen, ist sie bereits entwurmt und die Grundimmunisierung ist fast abgeschlossen (siehe Impfschema).

Für die ersten Tage werden Sie von Ihrem Züchter das gewöhnte Futter mitbekommen, damit es zu keiner schnellen Futterumstellung kommt. Am besten füttern Sie auch künftig nach den Empfehlungen des Züchters. Er wird Ihnen vielleicht einen guten Tierarzt in Ihrer Nähe empfehlen können, den Sie möglichst innerhalb von zwei Wochen nach der Übernahme der Katze einmal aufsuchen. Sie können die kleine Katze von Grund auf untersuchen lassen und gegebenenfalls die nächsten Impftermine absprechen.

Der Welpen-Check

Der Züchter kennt seine Katzen am besten und wird Sie sicher gut beraten. Achten Sie dennoch auch selbst auf das Äußere und das Verhalten der Kätzchen, um deren Fitness und Gesundheit beurteilen zu können. Dabei sollten Sie folgenden Punkten eine besondere Bedeutung zumessen.

Die gesunde Katze

Augen: keine Tränen oder Ausfluss

Nase: trocken, kühl, kein Ausfluss

Ohren: sauber, keine Rötung oder Belag, kein unangenehmer Geruch

Fell: glänzend, sauber, keine kahlen Stellen, nicht verfilzt, keine Kotreste am After

Verhalten: aufgeweckt, neugierig, verspielt, interessiert, sozial eingebunden

Auswahl des Kätzchens

Sie haben dem Züchter gesagt, ob Sie eine Liebhaber-, Ausstellungs- oder Zuchtkatze erwerben möchten. Er wird Ihnen zeigen, welche Kätzchen für Ihre Ansprüche in Frage kommen und Sie dabei sicher gut beraten. Ein seriöser Züchter hat schließlich einen Ruf zu verlieren. Auf ein paar Dinge sollten Sie trotzdem bei der Auswahl achten.

Junge Katzen sind sehr verspielt und neugierig. Werden Sie misstrauisch, wenn ein Kätzchen sich wenig bewegt, scheu oder ängstlich ist und kein Interesse am Spiel mit Ihnen oder den anderen zeigt.

Sie sind kein Tierarzt, aber auf ein paar Krankheitsanzeichen können Sie achten. So darf kein Ausfluss an den Ohren und Augen erkennbar sein, das Fell muss glänzen und auch um den After herum sauber sein. Die Ohren müssen frei von Parasiten sein, die Sie an einem dunklen Belag und einem schlechten Geruch leicht erkennen können. Die Augen müssen klar sein, es darf keine Trübung erkennbar sein.

Die Rasse Exotic Shorthair ist eng mit der Perser verwandt. Im Prinzip unterscheiden sie sich nur in der Felllänge. Foto: K. Kreisel

Katzen kuscheln gerne, die Perser scheint dies besonders zu lieben – mal mit ihrem Menschen, mal mit einem sympathischen Artgenossen. Foto: B. Feller

Vorbereitungen zu Hause

Die Vorbereitungen in Ihrem zu Hause treffen Sie selbstverständlich bevor Sie das Kätzchen zu sich holen.

Als erstes müssen Sie die Grundausstattung für Ihre Katze besorgen. Auch wenn Sie schon eine Katze besitzen, bekommt Ihre neue Mitbewohnerin alle Gegenstände auch für sich. Wenn Sie Ihre Katze mit Feucht- und Trockenfutter versorgen, müssen Sie zwei stabile, rutschfeste Fressnäpfe besorgen, dazu kommt ein ebenfalls rutschfester Wassernapf. Das beste Material ist Edelstahl, denn es ist stabil und leicht zu reinigen. Näpfe aus Steingut sind ebenfalls empfehlenswert, bei Plastik als Material achten Sie darauf, dass es nicht zu leicht und dünn gearbeitet ist. Stellen Sie die Futternäpfe und den Wassernapf an einen ruhigen Ort, der nicht direkt der Sonne ausgesetzt ist. Eine Ecke in der Küche ist ideal.

Wollen Sie nicht, dass Ihre Katze Ihre Möbel oder Tapeten zerkratzt, müssen Sie ihr schnell beibringen, dass der Kratzbaum extra für diese Zwecke da ist. Kratzbäume gibt es in den verschiedensten Größen und Ausführungen. Am besten sind solche, deren Stämme mit Sisal umwickelt sind und die der Katze gleichzeitig einige erhöhte Aussichtsplätze bieten. Stellen Sie den Kratzbaum in einer Ecke des Zimmers auf, in dem Sie sich häufig aufhalten, zumeist ist das das Wohnzimmer.

Die Katzentoilette steht etwas abseits, da sich Katzen nicht gerne bei ihren Geschäften beobachten lassen – vielleicht im Badezimmer. Sie sollten den Standort möglichst nicht verändern, denn Ihre Katze benötigt auch eine gewisse Routine und Kontinuität in ihrem Leben.

Es gibt sie in vielen verschiedenen Ausführungen. Am häufigsten sind sie aus Hartplastik entweder als einfache Wanne oder mit einem Häuschen darüber. Steht die Katzentoiletten an einem ungestörten Ort, reicht eigentlich die einfache Wannenausführung. Der Vorteil des Häuschens liegt darin, dass eventuell entstehender Geruch sich nicht so schnell ausbreitet.

Eine stabile Transportbox gehört ebenfalls zur Grundausstattung. Mit ihr holen Sie die Katze beim Züchter ab. Häufig sieht man geflochtene Boxen, die zwar nett aussehen, aber weder besonders praktisch sind, denn die Katze kann sich wunderbar mit ihren Krallen in ihr festklammern, noch besonders hygenisch gereinigt werden können. Besser ist eine Box aus Hartplastik, die möglichst große Eingriffe bietet und so ein leichtes Hineinsetzen und Herausnehmen der Katze ermöglicht.

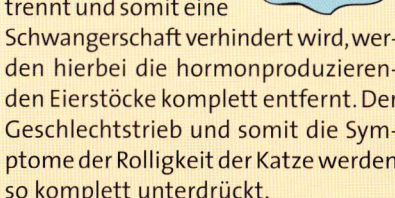

Kastration

Wenn Sie nicht planen, Ihre Katze auszustellen oder mit ihr zu züchten, sollten Sie sie kastrieren lassen. Im Gegensatz zur Sterilisation, bei der die Eileiter durchtrennt und somit eine Schwangerschaft verhindert wird, werden hierbei die hormonproduzierenden Eierstöcke komplett entfernt. Der Geschlechtstrieb und somit die Symptome der Rolligkeit der Katze werden so komplett unterdrückt.

Auch einen Kater sollten Sie kastrieren lassen. Wird er geschlechtsreif, beginnt er ansonsten sein Revier mit Urin zu markieren, was eine kaum auszuhaltende Geruchsbelästigung bedeutet.

Katzen liegen gerne auf erhöhten Plätzen, von denen aus sie sich eine gute Übersicht verschaffen können.
Foto: B. Feller

Solch eine perfekt weiße Perser ist eine echte Seltenheit. Wer bei der Auswahl seiner Katze Wert auf Exklusivität legt, muss oft auch etwas tiefer in den Geldbeutel greifen.
Foto:
I. Francais

Wenn Ihre Katze auch frei außerhalb der Wohnung herumlaufen darf, dann sollte sie immer ein Halsband mit ihrer Adresse und Telefonnummer tragen, denn man weiß nie, ob sie vielleicht doch einmal auf weite Entdeckungstour geht und dann nicht mehr nach Hause findet.

Für die Fellpflege brauchen Sie entsprechende Bürsten und Kämme. Bei der Perser fallen einige Kosten für die Pflegeutensilien an, denn mit einem Kamm und einer Bürste ist es nicht getan.

Der Handel bietet eine breite Palette an Spielsachen für Ihre Katze an. Achten Sie darauf, dass diese stabil sind und sich keine kleinen Teile ablösen und von Ihrer Katze verschluckt werden können. Welches das Lieblingsspielzeug Ihrer Katze wird, kann man vorher nie sagen. Das beliebte Wollknäuel sollten Sie aber meiden, denn wenn sich dieses abrollt, kann die Katze sich darin verheddern, in Panik geraten und dann sogar selbst strangulieren.

Nicht zuletzt braucht Ihre Katze geeignetes Futter und Sie sollten ein paar Leckerbissen für sie zur Hand haben. Fragen Sie am besten Ihren Züchter nach seiner Futterempfehlung, damit das Kätzchen seine gewohnten Mahlzeiten bekommt.

Die Eingewöhnung

Katzen gewöhnen sich unterschiedlich schnell an ihr neues Heim. Die Eingewöhnung fällt jungen Katzen meist einfacher als älteren. Am unkompliziertesten verläuft die Umstellung, wenn Sie zwei Wurfgeschwister gleichzeitig bei sich aufnehmen. Vergessen Sie nicht, dass die Kätzchen nicht nur in eine fremde Umgebung kommen, sondern auch von ihrer Mutter und den Geschwistern getrennt werden. Wenn dann noch ein Freund aus alten Zeiten dabei ist, fallen Abschied und Eingewöhnung nicht so schwer.

Wenn Sie mit Ihrem Kätzchen nach Hause kommen, lassen Sie ihm erst einmal etwas Zeit für sich. Manche Katzen beginnen nun neugierig die Wohnung zu erkunden, andere sind eher verängstigt und ziehen sich schnell in eine Ecke oder unter einen Tisch zurück. Auf keinen Fall sollte von Ihrer Seite Hektik verbreitet werden. Auch wenn jeder die Katze gerne einmal streicheln und in den Arm nehmen will – jetzt geht das nicht.

Sobald sich die Katze etwas eingewöhnt hat, zeigen Sie ihr den Fress- und Wassernapf, die Katzentoilette, ihren Korb und geben ihr etwas zum Spielen. Manche Katzen finden über das Spielen schnell Zugang zu ihrem neuen Halter, andere fremdeln auch noch die nächsten Tage. Seien Sie sehr einfühlsam und lassen Sie Ihrer Katze die Zeit, die sie braucht.

Solch ein rutschfester Fressnapf aus Edelstahl ist stabil und lässt sich hygienisch reinigen.
Foto: B. Feller

Die erste Nacht

Erfahrungsgemäß bedeutet die erste Nacht in der neuen Umgebung für ein Kätzchen die größte Umstellung. Tagsüber konnte es sich mit Spielen und Entdeckungsreisen noch ablenken, aber jetzt abends allein im Korb liegen, das ist schon etwas anderes, als sich an seine Mutter und die Geschwister kuscheln zu können! Einmal mehr erweist es sich als Vorteil, gleich zwei Katzen anzuschaffen. Wenn das Kätzchen allein bei Ihnen ist, wird es vielleicht versuchen, zu Ihnen ins warme Bett zu kommen. Wenn Sie dies nicht auf Dauer dulden wollen, müssen Sie dem von Anfang an Einhalt gebieten. Ein einmal angewöhntes Verhalten ist der Katze nur schwierig wieder abzuerziehen. Um dem kleinen Neuling die erste Nacht etwas angenehmer zu machen, können sie seinen Korb neben Ihr Bett stellen und vielleicht eine Wärmflasche dazu legen. Das ist natürlich kein Ersatz, aber viele Halter haben mit dieser Methode gute Erfahrungen gemacht.

Wie die erste Nacht verlaufen wird, kann man nie wissen. Vielleicht schläft Ihr Kätzchen ganz friedlich und von den Strapazen des aufregenden Tages erschöpft ein. Manch eine Katze hat ihren neuen Besitzer aber auch die Nacht lang wach gehalten. In jedem Fall verlieren Sie die Nerven nicht. Es ist nunmal eine aufregende Zeit für ein kleines Kätzchen.

Die nächsten Tage

Während der kommenden Tage wird sich immer mehr Ruhe einstellen, soweit man davon bei einem Katzen-Welpen überhaupt sprechen kann. Zumindest lernt das Kätzchen Ihren Tagesablauf kennen und gewöhnt sich immer besser ein. Ein Besuch beim Tierarzt sollte innerhalb der ersten beiden Wochen nach der Übernahme folgen. Der Tierarzt sollte das Kätzchen sorgfältig untersuchen und mit Ihnen gegebenenfalls noch ausstehende oder weiterreichende Impftermine absprechen. Ebenso können Sie anhand einer Kotprobe nochmals den Erfolg der letzten Wurmkur überprüfen.

Ihre Perser wird sich mit der Zeit immer besser in ihrem neuen Zuhause einleben und sich schon bald sehr wohl bei Ihnen fühlen.
Foto: S. Neiß

Typisch Katze

Katzen nehmen unter den vielen Tieren, die der Mensch im Lauf der Jahrtausende domestiziert hat, unbestritten eine Sonderstellung ein. Sie lassen sich nicht einsperren, haben sich aber dennoch an den Menschen gewöhnt und leben gerne mit ihm unter einem Dach. Sie brauchen und suchen unsere Nähe, sind uns aber dennoch nicht grenzenlos ergeben und haben sich ihren eigenen Willen bewahrt. Dies hat mit der Vergangenheit der Katze als Einzelkämpfer in der Natur zu tun.

Die Ahnen unserer Hauskatzen lebten nicht im Rudel zusammen, sonder trafen nur selten zur Paarungszeit aufeinander. So verwundert es nicht, dass sie sich ungern Vorschriften machen lassen und alles ablehnen, was nach Zwang und Unfreiheit aussieht.

Wenn wir mit einer Katze zusammenleben, können wir ihr jedoch nicht immer alles erlauben – so gerne mancher Halter dies auch täte! Deshalb ist eine Grunderziehung unbedingt erwünscht.

Soll Ihrer Katze wirklich alles gestattet werden? Sicher nicht. Eine gewisse Erziehung ist auch für Katzen im Zusammenleben mit Menschen Pflicht. Foto: I. Francais

So machen Sie Ihrer Katze eine Freude!
Katzen lieben es, wenn …

- sie bestimmen, was geschieht.
- sie sich ihren Lieblingsplatz selbst aussuchen können.
- sie den Überblick haben.
- sie auf Wunsch ihre Streicheleinheiten bekommen.
- Sie ihre Ruhezeiten respektieren.
- sie ihr Lieblingsfutter bekommen.

Sie kann ja so lieb
sein, aber wenn
eine Katze nicht so
möchte wie Sie,
dann zeigt sie
schnell ihre ganze
Dickköpfigkeit.
Foto:
I. Francais

Wichtiges rund um die Erziehung

Eine Katze erziehen?

Oft hört man, eine Katze ließe sich nicht oder nur im engen Rahmen erziehen. Dieser Meinung liegt eine ganz bestimmte Vorstellung von dem Begriff Erziehung zu Grunde, der eher in die Nähe von Dressur zu rücken ist. Katzen sind sicher nicht dressierbar wie Hunde – die Bemerkung sei erlaubt, auch wenn hier Äpfel mit Birnen verglichen werden. Katzen machen nicht auf Kommando, was man von ihnen will, sind nicht jederzeit zum Kuscheln aufgelegt oder hören immer auf ihren Namen. Dennoch sind sie sehr wohl lernfähig.

Verbote

Auch bei der Erziehung Ihrer Katze ist Konsequenz das oberste Gebot. Verbote müssen einheitlich gehandhabt werden, nicht wie es Ihnen gerade passt. Dabei genügt ein strenges „Nein" als Missbilligung vollkommen – Katzen sind sehr feinfühlig und wissen genau, was Sie meinen. Schläge sind ein absolut unakzeptables Erziehungsmittel, und andere Strafen, wie beispielsweise den Entzug des Fressens oder des Spielzeugs, kann Ihre Katze nicht als erzieherisches Mittel verstehen.

Zeigen sie Ihrer Katze von Beginn an was sie darf, und seiern sie konsequent bei Verboten
Foto: K. Kreisel

Katzen und Kinder

Katzen und kleinere Kinder scheinen nicht zusammenzupassen. Katzen mögen es eher ruhig, bedächtig und hassen Hektik. Kleine Kinder sind noch unsicher in ihren Bewegungen, oft unfreiwillig grob und laut. Es hat sich jedoch gezeigt, dass der Umgang gut funktionieren kann und Kinder sehr davon profitieren.

Kommen auf Zuruf

Katzen hören nicht immer auf ihren Namen. Damit sie jedoch mit dem Nennen ihres Namens nur Positives verbindet, sollten Sie diesen nie rufen, wenn Sie böse auf Ihre Katze sind, sondern nur in angehmen Situationen. So verbindet die Katze mit ihrem Namen positive Erlebnisse und reagiert bestimmt positiv, wenn Sie ihn nennen.

Eine Katze oder besser zwei?

Unsere modernen Rassekatzen sind keine Einzelgänger, sie lieben die Gesellschaft sowohl des Menschen als auch von Artgenossen. Wenn Sie Ihre Katze häufiger alleine lassen müssen, sollten Sie unbedingt eine zweite Katze anschaffen. Wenn die Katzen kastriert sind, ist das Geschlecht gleich, denn Kastraten verstehen sich in der Regel gut. Probleme gibt es meist nur, wenn zwei ausgewachsene Katzen aneinander gewöhnt werden sollen. Also am besten Sie nehmen gleich ein Paar bei sich auf!

Erziehung Ihrer Katze

Eine Katze erziehen bedeutet nicht in erster Linie, ihr Kommandos oder Kunststücke beizubringen. Die Erziehung umfasst vielmehr das Aufzeigen bestimmter Ge- und Verbote. Die einzigen erlaubten Hilfsmittel sind dabei Ihre Stimme und eine Belohnung zur rechten Zeit. Zeigt Ihre Katze ein unerwünschtes Verhalten, sollten Sie ihr dies durch ein strenges „Nein" auch sagen und ihr das gewünschte Verhalten zeigen. Wetzt sich Ihre Katze ihre Krallen beispielsweise an Ihren Möbeln oder den Wänden, sagen Sie streng „Nein" und setzen sie an ihren Kratzbaum. Kratzt die Katze dort weiter, wird sie gelobt und erhält eine kleine Belohnung. Diesen Erziehungsstil nennt man positive Verstärkung.

Perser sind richtige Stubenhocker. Ein kleiner Spaziergang im Garten bei schönem Wetter ist eine nette, aber keine notwendige Abwechslung.
Foto:
M. Deneke

Das sollten Sie Ihrer Katze besser nicht zumuten!

Katzen mögen es gar nicht, wenn ...
- sie aus dem Schlaf gerissen werden.
- sie grob angefasst werden.
- sie gegen ihren Willen festgehalten werden.
- es sehr laut ist.
- sie oft allein gelassen werden.
- sie sich nicht zurückziehen können.
- sie nicht beachtet werden.

Der Theorie nach wird ein Verhalten, das zu einem positiven Ergebnis führte, gerne wiederholt.

Auch der Umkehrschluss gilt: Eine Handlung mit einem negativen Resultat wird gemieden. Wenn also Ihr strenges „Nein" die Quittung für eine bestimmte Aktion ist, überlegt es sich die Katze das nächste Mal genau, ob sie es wieder tut. Soweit diese Theorie. In der Praxis kann es schon einiger Belohnungen bedürfen, bis Ihre Katze das gewünschte Verhalten zeigt. Katzen sind aber nicht dumm, sie haben nur ihren eigenen Kopf. Wenn Sie Zeit und Lust haben und feststellen, dass Ihre Katze positiv auf Ihre Erziehung reagiert, können Sie auch versuchen, ihr weitere Dinge beizubringen. Viele Katzen hören beispielsweise sehr gut auf ihren Namen. Ihrer Phantasie sind innerhalb gesundheitsbewusster und artgerechter Schranken keine Grenzen gesetzt!

Stubenreinheit

Katzen sind sehr reinliche Tiere und gewöhnen sich sehr schnell an den Besuch der Katzentoilette. Die Kätzchen kennen sie ja schon von ihrer Zeit beim Züchter. Sollte es dennoch vorkommen, dass Ihre Katze ständig irgendwo in der Wohnung uriniert, müssen Sie reagieren. Beobachten Sie Ihre Katze, denn bevor sie ihr Geschäft macht, läuft sie meist etwas unruhig durch die Gegend. Nehmen Sie sie dann und setzen sie in die Katzentoilette. Sie können auch etwas Streu nehmen, wenn Ihre Katze einmal außerhalb des Klos gemacht hat, das Missgeschick

damit beseitigen und dieses Streu dann in das Katzenklo legen. Der Geruch könnte die Katze dazu veranlassen, ihr nächstes Geschäft dort zu verrichten. Wenn Ihre Katze plötzlich nicht mehr auf die Katzentoilette geht, kann es es auch sein, dass diese wieder einmal gereinigt werden muss oder die Marke des Katzenstreus gewechselt wurde.

Katzen suchen sich ihre Lieblingsplätze selbst aus. Manchmal sind dies scheinbar die unmöglichsten Orte!
Fotos: B. Feller

33

Die kurze Schnauze ist charakteristisch für die Perser. Sie verleiht der Katze ein interessantes Aussehen. Sie kann ebenso freundlich wie grimmig dreinschauen. Foto: I. Francais

Den Großteil ihrer Körperpflege leisten die reinlichen Katzen selbst. Es vergeht keine Stunde, in der wir unsere Katze nicht dabei beobachten können, wie sie ihre Krallen wetzt oder sich ausgiebig der Fellpflege widmet. Unsere Aufgabe ist es mehr oder weniger nur, ihren Pflegezustand auch zu kontrollieren und dann gegebenenfalls einzuschreiten, wenn die Krallen doch einmal zu lang geworden sind oder das Fell zu verfilzen droht. Bei der Perser ist das tägliche Kämmen und Bürsten fester Bestandteil der Pflegeroutine. Anders als bei den kurzhaarigen und semikurzhaarigen Rassen verfilzt das Fell dieser Rasse sehr schnell. Die tägliche Pflege ist eine Garantie für die Gesundheit unserer Katze. Achten Sie also sehr genau darauf, ob Ihre Katze immer gepflegt aussieht. Krankheiten zeigen sich nicht zuletzt dadurch, dass die Katze ihre eigene Pflege vernachlässigt und das Fell ungepflegt und stumpf wirkt.

Die Pflege des noch recht kurzen Welpen-Haars ist wesentlich einfacher als die Fellpflege bei einer ausgewachsenen Perser.
Foto:
I. Francais

Die Fellpflege

Auch wenn Ihre Katze das Fell selbst immer in beste Form bringt, liebt sie dennoch Ihre Zuwendung und die zusätzlichen Streicheleinheiten, wenn Sie sie ausgiebig bürsten. Ein Bad ist für Katzen nicht unbedingt eine schöne Sache und auch nicht notwendig, solange das Fell nicht sehr stark verschmutzt ist oder die Katze für eine Ausstellung besonders nett zurecht gemacht werden soll.

Foto: M. Händel

Die Fellpflege

Sollte ein Bad für Ihre Katze dringend notwendig werden, verwenden Sie unbedingt ein spezielles Shampoo für Katzen. Dies ist dem Fett- und Säuremantel von Haut und Haaren genau angepasst. Produkte für den Menschen würden dieses Gleichgewicht stören.

Im Prinzip muss eine Katze nicht gebadet werden. Gründe hierfür können allerdings in einer sehr starken Verschmutzung liegen, auch kann es medizinische Gründe geben. Bestimmte Hautkrankheiten lassen sich am besten mit Bädern kurieren. Ausstellungskatzen sollen in einem besonders schönen Licht erscheinen. Da kann es manchmal notwendig sein, dass die Katze gebadet wird, auch wenn viele ohne diese zusätzliche Pflege im schönsten Pelz daherkommen. Doch gerade bei der Perser mit ihren langen Haaren kann ein gelegentliches Bad die Fellpflege sehr erleichtern. Auch wenn es etwas zeitaufwändig ist, das nasse Fell zunächst mit warmen, trockenen Handtüchern und anschließend mit dem Fön zu trocknen, waschen Sie eine Menge abgestorbener Haare aus dem Fell. Als spürbare Folgen sind das Bürsten und Kämmen erleichtert, und die Gefahr des schnellen Verfilzens gemindert.

Das Fell der Perser

Das lange Fell der Perser ist sehr pflegeintensiv – da dürfen Sie sich vor dem Kauf einer solchen Katze nichts vormachen. Mindestens eine viertel bis zu einer halben Stunde müssen Sie für die tägliche Fellpflege einrechnen. Dabei gehört ein gründliches Bürsten ebenso hinzu wie das anschließende Kämmen mit einem zunächst groben dann feineren Kamm. Eine Perser behält ihr langes, dichtes Fell das gesamte Jahr über. Die regelmäßige Pfege bleibt also nicht auf die kalte Jahreszeit beschränkt.

Zahnpflege

Ungepflegte Zähne sind ein häufig unterschätztes und darum auch gar nicht so seltenes Problem bei Katzen. Zwar leiden Katzen selten an Karies, doch kann sich unangenehmer Zahnstein bilden, der zu Zahnfleischentzündungen führen kann. Zahnfleischentzündungen wiederum können zu schweren Infektionen auch innerhalb des Organismus der Katze führen. Um dem vorzubeugen, sollten Sie die Zähne Ihrer Katze mindestens einmal wöchentlich gründlich mit einer Bürste und Zahnpasta reinigen. Haben Sie Ihre Katze von klein auf daran gewöhnt, wird sie dies auch gerne über sich ergehen lassen. Hat sich bereits Zahnstein gebildet, muss dieser vom Tierarzt entfernt werden.

Die Zahnpflege

Für die Zahnpflege Ihrer Katze gibt es verschiedene Produkte. Zum einen erhalten Sie Zahnbürsten und Pasten für die Reinigung. Es gibt auch Leckerbissen, die gleichzeitig der Zahnpflege dienen. Junge Katzen knabbern vor allem während der Zeit des Zahnwechsels auf allen möglichen Dingen herum. Für diese Phase gibt es spezielles Spielzeug.

Teil der Gesundheits-vorsorge ist die tägliche Pflege. Nur wenn Sie sich intensiv mit Ihrer Katze beschäftigen, werden Sie Veränderungen früh erkennen.
Foto: H. Schneider

Im Zoofachhandel erhalten Sie spezielle Krallenschneider für Katzen. Sollten Sie sich das Schneiden nicht selbst zutrauen, bitten Sie einen erfahrenen Halter oder Ihren Tierarzt um Hilfe.
Foto:
I. Francais

Die Krallenpflege

Durch das häufige Wetzen am Kratzbaum halten Katzen ihre Krallen selbst immer scharf und in der richtigen Länge. Sollte dennoch eine Kralle einmal zu lang gewachsen sein, kürzen Sie sie selbst. Am besten lassen Sie sich dies einmal von Ihrem Tierarzt zeigen.

Die Krallenpflege

Sollte einmal eine oder mehrere Krallen zu lang geworden sein, können Sie diese mit einem speziellen Krallenschneider kürzen. Das erste Mal sollten Sie sich dies von einem erfahrenen Katzenhalter, Ihrem Züchter oder dem Tierarzt zeigen lassen. In jeder Kralle befindet sich nämlich zentral ein Blutgefäß mit Nerven. Sollten Sie dies anschneiden, tut dies der Katze weh und es blutet. Bei hellen Krallen können sie das Gefäß gut als dunklen Strich gegen das Licht erkennen. Bei dunkel pigmentierten Krallen ist das kaum möglich. Sind Sie sich unsicher, lassen Sie die Krallen kürzen oder nehmen alternativ eine Feile und tragen immer nur wenig am Anfang der Kralle ab.

Das Katzenklo

Reinigen Sie das Katzenklo täglich. Sie müssen nicht immer eine komplette Reinigung durchführen, das genügt alle vierzehn Tage. Entfernen Sie nur die verschmutzten Bereiche. Reinigen Sie das Klo niemals mit scharfen Reinigern, sondern nur mit speziellen Reinigern, die Ihrer Katze nicht schaden können.

Katzenstreu

Es gibt verschiedene Arten von Katzenstreu. Am gebräuchlichsten und auch am praktischsten sind Klumpstreus. Die nass gewordenen Partikel verklumpen und können leicht aus dem Klo entfernt werden. Recht neu und unbedingt empfehlenswert sind biologische Klumpstreus, die vollständig abbaubar sind und auf dem Kompost oder in der Biomüll-Tonne entsorgt werden können.

Augen- und Ohrenpflege

Die Augen und die Ohren einer Katze sind sehr empfindlich. Seien Sie also sehr vorsichtig, wenn Sie bei der Fellpfege in ihre Nähe kommen. Augen und Ohren müssen frei von Ausfluss sein. Tränen die Augen Ihrer Katze ständig, gehen sie mit ihr zum Tierarzt. Vielleicht hat sie eine Allergie oder eine Verletzung im Auge.
Die Ohren müssen sauber sein, der sichtbare äußere Gehörgang frei von Verunreinigungen. Sollten Sie dort Krusten und einen schlechten Geruch feststellen, liegt wahrscheinlich eine Infektion, möglicherweise mit Milben, vor. Stellen Sie in diesem Fall Ihre Katze dem Tierarzt vor!

Die Sauberkeit des Umfeldes

Katzen sind sehr reinlich und so sollte auch ihr Umfeld immer in einem gepflegten Zustand sein. Dies gilt im besonderen Maß für das Katzenklo, den Bereich der Futter- und Wassernäpfe und die hauptsächlichen Aufenthaltsorte Ihrer Katze, vor allem das Körbchen. Es darf hier niemals zu einer starken Geruchsbildung kommen.

In den Augenwinkeln bilden sich leicht Rückstände der Tränenflüssigkeit, die zu Verfärbungen des Fells führen können. Entfernen Sie diese regelmäßig mit einem speziellen Reiniger.
Foto:
I. Francais

Foto: B. Kätsch

Bade-Shampoo

Müssen Sie Ihre Katze einmal baden, verwenden Sie nur spezielle Shampoos für Katzen. Diese schonen den natürlichen Fett- und Säureschutzmantel der Haut und des Fells. Produkte für den Menschen sind zu aggressiv und würden dieses Gleichgewicht stören. Sollte Ihre Katze empfindlich reagieren, verzichten Sie möglichst auf Bäder oder erfragen spezielle Produkte bei Ihrem Tierarzt.

Das Katzenklo

Für das Katzenklo gibt es inzwischen sehr gute Streus verschiedener Hersteller. Darunter sind viele Klumpstreus. Diese bestehen aus einem Granulat, das die Feuchtigkeit und auch die Gerüche der Ausscheidungen bindet. Gleichzeitig verbindet sich das so verbrauchte Granulat zu festen Klumpen, die mit einer Siebschaufel leicht entfernt werden können. Das Streu muss nur wieder aufgefüllt werden. Es genügt somit, das Katzenklo alle vierzehn Tage komplett zu reinigen.

Das Körbchen

Im Körbchen achtet die Katze selbst schon auf Sauberkeit, doch können Sie von Zeit zu Zeit die Haare entfernen.

Der Fressplatz

Dass Sie die Fressnäpfe nach jeder Mahlzeit gründlich mit heißem Wasser reinigen, sollte eine Selbstverständlichkeit sein. Der Napf mit dem Trockenfutter sollte auch täglich einmal ausgespült werden. Gleiches gilt für die Wasserschüssel.
Achten Sie auch um die Näpfe herum auf Sauberkeit. Wischen Sie regelmäßig auf, um Fressensreste zu beseitigen.

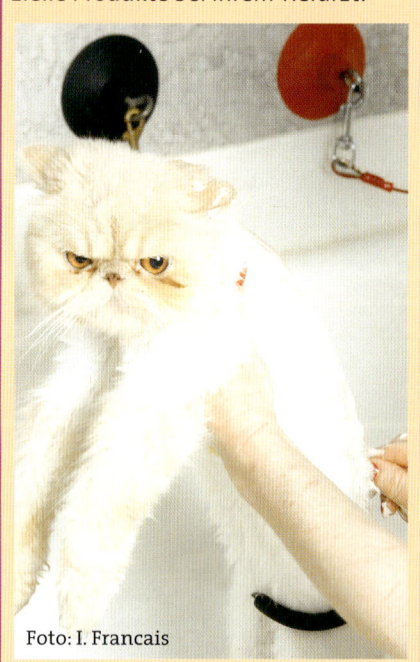

Foto: I. Francais

Eine sehr wichtige Rolle bei der artgerechten Haltung Ihrer Katze und der Gesundheitsvorsorge spielt die richtige Ernährung. Diese muss auf die Bedürfnisse Ihrer Katze abgestimmt sein. Das ist heutzutage kaum mehr ein Problem, denn die Fertigfuttersorten sind heute eine gesunde, einfache und sichere Möglichkeit, seine Katze zu ernähren.

Ernährungsansprüche der Katze

Wenn Sie die Katze vom Züchter abholen, sollten Sie sie bis zu einem Alter von etwa sechs Monaten mit einem speziellen Futter für Welpen ernähren und dann langsam auf eine Kost für erwachsene Katzen umstellen. Die Futtermenge ist abhängig davon, wie gut die Katze die Nährstoffe individuell verwertet und wie aktiv sie ist. Auf der Verpackung sollte ein Richtwert angegeben sein, wieviel Gramm Futter pro Kilogramm Katze gegeben werden sollte. Halten Sie sich zunächst daran und schauen Sie dann, ob diese Menge ausreicht – gegebenenfalls erhöhen oder senken Sie die Futtergabe.

Die Ernährung hat auch Einfluss auf das Aussehen des Fells. Das Haarkleid einer falsch ernährten Katze wirkt häufig stumpf und verfilzt schneller.
Foto: I. Francais

Futtertipps

Proteine

Katzen benötigen in ihrem Futter einen hohen Anteil an Proteinen, da sie die Aminosäure Taurin (Baustein der Proteine) nicht selbst synthetisieren können. Es ist deshalb wichtig, dass Sie Ihre Katze wirklich nur mit Katzenfutter füttern – auch wenn Hundefutter eine günstigere Alternative zu sein scheint, es würde bei Ihrer Katze zu Mangelerkrankungen führen.

Katzengras

In der freien Natur fressen Katzen gelegentlich Gras, das sie sofort im Anschluss wieder erbrechen. Mit dem Gras gelangen auch Haare, die bei der Fellpflege verschluckt wurden und nicht über den Darm ausgeschieden werden, aus dem Magen. Für Katzen, die überwiegend in der Wohnung gehalten werden, sollte immer Katzengras bereitstehen. Besonders die langhaarigen Rassen benötigen dieses Hilfsmittel!

Feinschmecker

Katzen sind Feinschmecker und nehmen nicht jedes Futter an. Sollte Ihre Katze also einmal den Futternapf nicht anrühren, ist dies noch kein Grund zur Sorge. Vielleicht ist sie einfach die Futtersorte oder Geschmacksrichtung leid. Probieren Sie eine andere aus!

Milch und Eier

Kuhmilch ist für Katzen kein geeignetes Nahrungsmittel. Katzen können den Milchzucker, die Laktose, nicht verdauen, so dass dieser im Verdauungstrakt zu gären beginnt. Da bei der Säuerung von Milch die Laktose abgebaut wird, verfüttern Sie als gelegentlichen Leckerbissen lieber Joghurt oder Dickmilch. Rohe Eier können Salmonellen enthalten, auch gekocht sollte nur gelegentlich Eigelb gegeben werden.

Trinkwasser

Wasser ist lebensnotwendig. Katzen, die sich auch im Freien aufhalten, trinken oft aus Pfützen. Es scheint so, dass sie abgestandenes Wasser lieber mögen als direkt aus dem Hahn genommenes. Sie können für Ihre Katze immer etwas Wasser über Nacht in einer Kanne stehen lassen und es dann erst in den Wassernapf geben.

Kein rohes Fleisch!

Verfüttern Sie niemals rohes Fleisch an Ihre Katze, egal ob es sich um Geflügel, Schwein, Rind, Fisch oder sonst eine Art handelt! In rohem Fleisch können sich immer verschiedene Krankheitserreger befinden. Vor allem im Schweinefleisch finden sich diese Erreger, darunter sogar tödliche Viren, die die Aujeszkysche Krankheit auslösen. Abgekocht stellen sie keine Gefahr dar.

Futterzusätze

Wenn Sie Ihre Katze mit einem Fertigfutter versorgen, gehören dort keine weiteren Nahrungsmittelzusätze – allen voran Vitamine und Mineralstoffe – hinein. Diese Futtersorten sind so konzipiert, dass sie alle Zusatzstoffe in ausreichender Menge enthalten.

Übergewicht

Katzen neigen prinzipiell nicht dazu, sich zu überfressen. Ursachen für Übergewicht sind eher falsches Futter, zu viele Leckerbissen, zu wenig Bewegung oder auch eine Erkrankung. Mit einem leichten Druck auf die Rippen erkennen Sie schnell, ob Ihre Katze das richtige Gewicht hat. Sie sollten die Rippen dann unter einer leichten Fettschicht gut spüren.

Knochen und Gräten

Knochen und Gräten haben im Fressen der Katze nichts zu suchen. Entfernen Sie sie, um das Risiko zu umgehen, dass ein Knochen oder eine Gräte im Hals oder Verdauungstrakt Ihrer Katze steckenbleibt und dort für schwere Probleme sorgen kann.

Fütterungsregeln

- Das Futter muss immer bei Zimmertemperatur verfüttert werden.
- Essensreste immer spätestens nach einer Stunde entfernen – außer bei Trockenfutter, das den ganzen Tag stehen bleiben kann.
- Futternäpfe immer gründlich reinigen.
- Immer frisches Wasser anbieten.
- Der Futterplatz muss an dem gleichen ungestörten Ort sein.
- Füttern Sie immer zu den gleichen Zeiten, am besten morgens und abends.
- Füttern Sie nicht zu viele Leckerbissen, denn das bringt das ausgewogene Verhältnis der Fertigkost durcheinander.

Foto: B. Feller

43

Fertigfuttersorten

Fertigfutter wird als Feuchtfutter in Dosen oder Schalen oder als Trockenfutter im Beutel angeboten. Es ist vom Hersteller so ausgewogen zusammengestellt und mit allen notwendigen Zusatzstoffen versehen, dass es als Alleinfutter alle Bedürfnisse Ihrer Katze deckt. Weitere Zusätze dürfen nur auf Anraten Ihres Tierarztes verfüttert werden. Häufiges Diskussionsthema ist die Gefahr der Gewöhnung an ein Futter. Sogar von süchtig machenden Zusätzen wurde eine Zeit lang gesprochen. Fakt ist, dass Fertigfutter so vollständig in seiner Zusammensetzung ist, dass Ihre Katze auch keinen Schaden nimmt, wenn sie täglich die gleiche Futtersorte bekommt. Tatsache ist aber auch, dass eine Ernährungsumstellung in solch einem Fall die Verdauung, die sich auf diese eine Sorte eingestellt hat, stärker belastet. Es ist also sicher nicht verkehrt, ihre Katze von Beginn an nicht nur an ein Futter zu gewöhnen, sondern die Marken regelmäßig zu wechseln. Wenn Ihre Katze aber eine bestimmte Futtersorte bevorzugt, können Sie unbesorgt dabei bleiben – es wird sicher nicht zu Mangelerscheinungen kommen.

Futterumstellung

Es gibt sehr verschiedene Meinungen zum Thema Ernährung. Die einen sagen, man soll möglichst abwechslungsreich füttern, um eine Gewöhnung zu vermeiden. Andere sehen gerade in dem häufigen Wechsel einen Grund für Verdauungsprobleme. Um bei einem Futterwechsel den Übergang schonend zu gestalten, vermengen Sie immer wieder das neue mit dem alten Futter.

• Feuchtfutter

Feuchtfutter besteht bis zu 80% aus Wasser. ES wird in den verschiedensten Qualitäten und Geschmacksrichtungen angeboten. Viele Hersteller produzieren spezielle Sorten für junge, ältere und sogar übergewichtige Katzen.
Feuchtfutter hält sich, einmal geöffnet, bei weitem nicht so lange wie Trockenfutter. Es werden aber Portionspackungen angeboten, die für eine oder zwei Fütterungen reichen. Obgleich Ihre Katze einen großen Teil ihres Flüssigkeitsbedarfs über diese Futterart decken kann, müssen Sie ihr immer die Möglichkeit bieten, zusätzlich Wasser trinken zu können.

Es kann vorkommen, dass ein Züchter seine Welpen von Hand aufziehen muss.
Foto: B. Feller

• Trockenfutter

Trockenfutter enthält nur maximal 15 % Feuchtigkeit. Auf das Gewicht gerechnet ist es somit sehr ergiebig. Auch geöffnet ist es noch lange haltbar, dennoch sollten Sie es zügig verwerten, denn mit der Zeit – etwa innerhalb von zwei bis drei Monaten – bauen sich die Vitamine ab. Da das Futter selbst sehr wenig Wasser enthält, wird Ihre Katze relativ viel trinken – wundern Sie sich darüber nicht! Zur Abwechslung können Sie das Trockenfutter auch einmal in Wasser einweichen.

Auch Trockenfutter wird von vielen Herstellern in unterschiedlichen Geschmacksrichtungen für die verschiedenen Lebensabschnitte Ihrer Katze angeboten.

Besondere Ernährungsansprüche

Katzen stellen während der Trächtigkeit und der Stillzeit besondere Ansprüche an ihre Ernährung. Das betrifft nicht nur die Qualität, sondern vor allem auch die Menge. Sie können davon ausgehen, dass eine trächtige Katze bis zu 50% mehr Futter benötigt! Während Ihre Katze stillt, kann der Nahrungsbedarf sogar auf das Doppelte bis Vierfache der normalen Ration ansteigen. Dies ist vor allem von der Welpenanzahl abhängig.

Eine besondere Ernährung benötigen auch junge Katzen bis zum sechsten Lebensmonat und ältere Katzen ab etwa dem siebten Lebensjahr.

Bekommt eine Katze die Möglichkeit, sich im Freien zu bewegen, bringt sie manchmal kleine Jagdsouvenirs von ihren Ausflügen mit. Eine Fellmaus aus der Zoohandlung ist ein tolles Ersatzspielzeug für die kleinen Raubkatzen.
Foto: B. Feller

Die jungen Katzen befinden sich in einer enormen Wachstumsphase. Jede Fehlernährung, jeder Nährstoffmangel macht sich in dieser Lebensphase sofort dramatisch bemerkbar – Wachstumsstörungen sind die offensichtliche Folge einer Mangelernährung. Verlassen Sie sich auf die angebotenen Fertigprodukte für Katzenkinder, denen alle notwendigen Inhaltsstoffe beigefügt sind.

Bei älteren Katzen kann es leicht zu Übergewicht und Verdauungsproblemen kommen, wenn Sie die Ernährung nicht anpassen. Zum einen ist die ältere Katze nicht mehr so aktiv und verbraucht dementsprechend weniger Energie. Zum anderen funktioniert die Verdauung nicht mehr so effektiv wie bei einer jüngeren Katze, so dass das Futter nun leichter verdaulich sein muss. Der Fachhandel bietet auch für ältere Katzen spezielle Futtersorten an. Sollte es dennoch Probleme bei der Ernährung geben, suchen Sie den Tierarzt auf, um eventuelle altersbedingte Erkrankungen auszuschließen.

Leckerbissen

Nicht von ungefähr kommt der Begriff „Naschkatzen". Vielleicht wird hier und da mit dem Mythos Feinschmecker bei Katzen übertrieben, aber sie sind schon wählerischer als viele andere Haustiere. Umso mehr lieben sie es, neben den gewohnten Mahlzeiten einmal einen zusätzlichen Leckerbissen zu bekommen. Im Handel finden Sie viele geeignete Produkte, auch ein Löffel Naturjoghurt oder ein Stück Hartkäse sind willkommene Leckereien. Ungeeignet sind hingegen alle gewürzten Lebensmittel und Süßigkeiten.

Leckerbissen sollen die Ausnahme bleiben, sonst frisst Ihre Katze ihr normales Futter nicht mehr – und darin sind schließlich die lebensnotwendigen Bestandteile, nicht im Leckerbissen.

Auch im Wesen ähneln sich Perser und Exotic Shorthair sehr. Sie sind beides verspielte, aber vergleichsweise ruhige Katzen.
Foto: H. Schneider

Die gesunde Katze

Folgende Werte sind als normal für eine Katze anzusehen:

Temperatur:	um 38° C
Puls:	um 130 Schläge pro Minute
Atmung:	um 25 Züge pro Minute

Gesundheitsvorsorge

Der größte Wunsch jedes Katzenhalters ist natürlich, dass sein Liebling sich wohlfühlt, zufrieden und gesund ist. Um dies zu erreichen, tun Sie bereits eine ganze Menge für Ihre Katze: Sie verschaffen ihr Bewegung und Abwechslung, sorgen für eine ausgewogene Ernährung und nicht zuletzt haben Sie schon bei der Auswahl Ihres Kätzchens darauf geachtet, dass es gesund ist und aus einer seriösen Zucht stammt. Das allein genügt aber noch nicht. Deshalb wird Ihre Katze regelmäßig geimpft und entwurmt. Sie achten bei der täglichen Pflege auf Veränderungen an Augen, Ohren und der Haut und beobachten aufmerksam jede Verhaltensänderung Ihrer Katze. Schließlich kann sich dahinter immer auch eine ernsthafte Erkrankung verstecken. Nicht zuletzt achten Sie auf Außenparasiten wie Flöhe, Milben oder Zecken. All diese Maßnahmen dienen letztlich nicht nur der Gesundheit Ihrer Katze, sondern auch Ihrer eigenen, denn viele Parasiten können auch auf den Menschen übergehen. Etwas mehr über die Krankheiten und Parasiten, die für Ihre Katze bedrohlich sind, sollen Sie nun erfahren.

Mit Parasiten haben Perser meist nur zu tun, wenn sie sich viel im Freien aufhalten dürfen. Foto: H. Schneider

Parasiten

Man unterscheidet zwei Gruppen von Parasiten: Außen- und Innenparasiten. Für den Menschen lästiger sind sicher die Außenparasiten, denn gerade Flöhe können auch uns befallen und mit ihren Stichen einen starken Juckreiz auslösen. Unbehandelt gefährlicher sind die Innenparasiten, also verschiedene Wurmarten. Manche von Ihnen können auch für den Menschen gefährlich werden. Die größte Gefahr geht dabei selten direkt von dem Parasiten aus. Vielmehr schwächen Sie den Gesamtorganismus und ermöglichen anderen Infektionen so ihre Verbreitung, oder sie sind selbst Überträger verschiedener Krankheitserreger.

Einen sicheren Schutz vor Parasiten gibt es nicht. Es ist falsch zu denken, dass nur ungepflegte Katzen von Würmern und Flöhen befallen werden können. Es gibt einige Mittel zur Prophylaxe, doch auch diese Mittel geben keinen hundertprozentigen Schutz.
Foto:
C. Brinkmann

Außenparasiten (Ektoparasiten)

Unter Außenparasiten verstehen wir alle die Parasiten, die nicht in den Organismus ihres Wirtes eindringen, sondern sich auf ihm aufhalten. Diese Parasiten schädigen die Katze nicht primär dadurch, das sie ihr Blut saugen oder ihr Speichel zu starkem Juckreiz und Hautirritationen führen kann, sondern dadurch, dass sie Überträger verschiedener Krankheitserreger sind. Die winzigen Einstichstellen bieten zudem anderen Krankheitskeimen die Möglichkeit, in den Organismus der Katze einzudringen. Dies in größerem Maß, wenn die Katze die kleinen juckenden Wunden aufkratzt.

• Flöhe

Katzenflöhe werden etwa drei Millimeter lang und können mit dem bloßen Auge erkannt werden. Charakteristisch ist der Kot, der aus kleinen Kügelchen besteht, die teils auch etwas länglich sind.
Flöhe sind für Ihre Katze und Sie nicht nur lästig. Sie können Krankheitserreger übertragen, die Einstichstellen können sich infizieren und nicht zuletzt können Katzen – und Menschen – gegen den eingetragenen Speichel allergisch reagieren. Der typische, je nach Schwere der Allergie unterschiedlich starke Juckreiz ist sicherlich das offensichtlichste und auch lästigste, aber im Vergleich zu den möglichen Infektionen nicht das bedrohlichste Symptom.

Ein Flohbefall muss bekämpft werden. Sie erhalten heute genügend Mittel, die die Erreger und ihre Eier, Larven und Puppen zuverlässig beseitigen. Bevor Sie jedoch irgendein Mittel kaufen, sollten Sie Ihren Tierarzt um Rat fragen. Der Fachhandel hat dann bestimmt das passende Produkt für Sie und Ihre Katze parat.

Es gibt verschiedene präventiv wirkende Mittel, von denen flüssige Tropfen, die auf die Rückenhaut geträufelt werden, und Flohhalsbänder die populärsten sind.

• Zecken

Die häufigste Zeckenart bei uns ist der gemeine Holzbock. Er sitzt im Unterholz, auf Pflanzenstängeln und lässt sich auf ein vorbeikommendes Tier einfach fallen. Zecken entwickeln sich über verschiedene Stadien, die aber alle Blut saugen. Eine vollgesaugte Zecke erreicht Maiskorn- bis Bohnengröße, ein „leeres" Tier ist nur wenige Millimeter lang.

Zecken können gefährliche Krankheiten übertragen, deshalb sollten sie möglichst schnell entfernt werden. Dazu greifen Sie die Zecke mit einer speziellen Zeckenzange direkt hinter dem Kopf, mit dem sie sich komplett in der Haut der Katze verankert hat, und drehen sie vorsichtig heraus. Sollte der Kopf dabei abreißen, suchen Sie einen Tierarzt auf, der die Zecke dann vollständig entfernt, um Infektionen zu vermeiden. Suchen Sie Ihre Katze nach jedem Spaziergang außerhalb der Wohnung auf diese Parasiten hin ab.

Die meisten Flohhalsbänder wirken auch gegen Zecken, sind aber kein hundertprozentiger Schutz.

• Milben

Am häufigsten werden Katzen von Ohrmilben befallen, die direkt von Tier zu Tier übertragen werden. Ein Befall löst starken Juckreiz aus und kann zu schweren Infektionen führen. Die Milben vermehren sich rasch. Sie scheiden im Gehörgang ihren Kot aus und legen ihre Eier dort hinein. Der Kot bildet eine gute Grundlage für Pilze und weitere Krankheitserreger. Ein Befall ist leicht an der dunklen Verfärbung des äußeren Gehörganges und an einem schlechten Geruch aus den Ohren zu erkennen. Gehen Sie mit Ihrer Katze zum Tierarzt, der den Befall behandeln kann.

Anti-Floh-Mittel

Es gibt heute die verschiedensten Anti-Floh-Mittel. Am gebräuchlichsten sind Sprays, Tabletten, Halsbänder und sogenannte „On Spot"-Präparate, die punktuell auf die Haut der Katze geträufelt werden und sich von dort aus verteilen. Viele dieser Mittel wirken gut, können einen Befall aber nie vollständig verhindern.

Foto: B. Feller

Wurmkuren

Wenn Sie Ihr Kätzchen nach der zwölften Woche beim Züchter abholen, hat Ihre Katze bereits die erste Wurmkur hinter sich und sollte weitestgehend wurmfrei sein. Von nun an entwurmen Sie Ihre Katze, soweit kein akuter Wurmbefall festgestellt wird, der natürlich sofort behandelt werden muss, im Rhythmus von drei Monaten.

Foto: B. Feller

Innenparasiten (Endoparasiten)

Innenparasiten dringen in den Organismus ihres Wirtes ein und leben und vermehren sich dort. Manche Parasiten zeigen einen komplizierten Lebenszyklus über mehrere Larvenstadien, die alle einen anderen spezifischen Wirt haben. Die häufigsten Innenparasiten bei Katzen sind Würmer, allen voran Band- und Spulwürmer.

• Bandwürmer

Der Katzenbandwurm ist der häufigste Bandwurm bei Katzen. Er kann die stattliche Länge von über einem halben Meter erreichen! Die Infektion erfolgt über infizierte Mäuse, die sich ihrerseits an Katzenkot, der Bandwurmeier enthielt, infizierten, oder direkt über den Kot anderer Katzen, in dem sich ausgeschiedene Bandwurmglieder (Proglottiden) befinden. Die Proglottiden sind annähernd reiskorngroß und können am After der Katze mit dem Auge gesehen werden. Ein Befall wird schnell mit einer Wurmkur unter Kontrolle gebracht, eine Infektion des Menschen ist selten. Gefährdet sind vor allem kleine Kinder, die beim Spielen am Boden mit infiziertem Kot in Berührung kommen.

• Spulwürmer (Rundwürmer)

Spulwürmer gehören zu den häufigsten Innenparasiten der Katze. Ein Befall kann kaum verhindert werden, denn die Katze kann sich an Mäusen, am Kot infizierter Katzen oder an infiziertem rohen Fleisch anstecken. Der Befall ist auch nicht bedrohlich. Nur für junge Katzen und geschwächte Tiere kann ein übermäßiger Befall sogar lebensbedrohlich werden. Die Würmer sitzen im Dünndarm der Katze und entziehen dem dort ankommenden Nährbrei die Nährstoffe, so dass die Katze nicht mehr genügend für sich hat. Vermehren sich die Würmer übermäßig, können sie auch zu einem Darmverschluss führen. Wird kein akuter Befall festgestellt, genügen die vierteljährlichen Wurmkuren als Prophylaxe. Eine Übertragung über den Kot der Katzen auf den Menschen ist möglich, aber eher unhygienisch und unangenehm als gefährlich.

Infektionskrankheiten

Alle Krankheiten, die durch Bakterien oder Viren hervorgerufen werden, bezeichnet man als Infektionskrankheiten. Gegen viele Krankheitserreger gibt es inzwischen wirksame Impfstoffe. Wenn Sie Ihre Katze regelmäßig impfen lassen, brauchen Sie sich bezüglich solch einer Infektion keine Sorgen zu machen. Die häufigsten Krankheiten sollen dennoch der Vollständigkeit wegen aufgeführt werden, auch wenn wirksame Impfungen erhältlich sind.

Übertragung auf den Menschen

Viele Viren, die Krankheiten bei Katzen auslösen, sind Viren ähnlich, die auch beim Menschen gefährliche Krankheiten auslösen. Das Tollwut-Virus ist jedoch das einzige, das von der Katze auf den Menschen übertragbar ist. Unter den bakteriellen Erregern sind die Tuberkulose und die seltenere Pseudotuberkulose die für den Menschen gefährlichsten auch bei Katzen vorkommenden Erkrankungen.

Virusinfektionen

Aujeszkysche Krankheit

Symptome: Speicheln, Unruhe, Schluckbeschwerden, in der Folge Appetitmangel und Gewichtsverlust, starker Juckreiz

Erreger/Übertragung: Das Virus wird über rohes Fleisch infizierter Schweine übertragen.

Krankheitsverlauf/Behandlung: Eine Infektion führt sehr schnell, oft innerhalb weniger Tage, mit mehr oder weniger starker Ausprägung der genannten Symptome zum Tod. Eine Heilung ist leider noch nicht möglich!

Vorbeugung/Impfung: Verfüttern Sie niemals rohes Schweinefleisch, denn dies ist der Hauptinfektionsweg. Eine Impfung ist nicht notwendig und der bei Schweinen verwendete Impfstoff für die Behandlung von Katzen nicht zugelassen.

• FIP (Feline Infektiöse Peritonitis = Infektiöse Bauchfellentzündung)

Symptome: Hohes Fieber, Appetitlosigkeit, Infektion des Bauch- oder Brustfells – aber auch anderer Organe und Blutgefäße, aufgetriebener Bauch, Atemnot und Gewichtsverlust.

Erreger/Übertragung: Wie genau der Erreger, ein Corona Virus, übertragen wird, sich ausbreitet und die Infektion auslöst, ist weitgehend ungeklärt. Es sind zumindest wesentlich mehr Katzen infiziert, als wirklich erkranken. Was die Krankheit zum Ausbruch kommen lässt, ist unbekannt. Vielleicht eine allgemeine Schwächung des Immunsystems.

Krankheitsverlauf/Behandlung: Der Krankheitsverlauf ist sehr unterschiedlich, je nachdem, auf welche Bereiche die Infektion sich ausbreitet. Ist der Bauchbereich betroffen, kommt es zum typischen Bild eines durch Wassereinlagerung aufgetriebenen Bauches und gleichzeitigem Abmagern der Gliedmaßen. Ist das Brustfell betroffen, lagert sich dort Wasser ein und es kommt zu starken Atembeschwerden. Die Erkrankung, ist sie einmal ausgebrochen, verläuft so gut wie immer tödlich.

Vorbeugung/Impfung: Da die Infektionswege kaum geklärt sind, ist zu einer Impfung, die seit einigen Jahren auch in Deutschland erhältlich ist, unbedingt zu raten.

Schon beim geringsten Verdacht auf eine Erkrankung sollten Sie mit Ihrer Katze den Tierarzt aufsuchen.
Foto: I. Francais

51

Toxoplasmose

Die Toxoplasmose wird von dem Einzeller *Toxoplasma gondii* hervorgerufen. Eine Infektion des Menschen über den Kot von Katzen ist möglich. Häufiger ist jedoch die Übertragung durch rohes Fleisch. Katzen infizieren sich über Mäuse oder rohes Schweinefleisch. Für Schwangere ist eine Erstinfektion mit dem Erreger gefährlich, da dieser schwere Missbildungen beim Fötus verursachen kann. Da die meisten Menschen aber schon unbemerkt eine Infektion überstanden haben, sind sie im Besitz von Antikörpern. Schwangere können dies beim Arzt testen lassen. Haben sie genügend Antikörper, besteht kein Grund, die Katze aus dem Haus zu geben.

Foto: B. Feller

Noch bevor sich äußerlich sichtbare Symptome zeigen, merken Sie Ihrer Katze eine Erkrankung an ihrem veränderten Verhalten an.
Foto:
I. Francais

• FIV („Katzen-[H]IV")

Symptome Das es sich hierbei wie beim menschlichen HIV um eine allgemeine Schwächung des Immunsystems handelt, sind die Symptome sehr unterschiedlich. Erste Symptome erinnern eher an eine Erkältung.

Erreger/Übertragung Das FIV (Feline Immundefizienz Virus) wird vor allem durch Blut und Speichel übertragen. Hauptinfektionsursache sind Bisse zwischen Katzen.

Krankheitsverlauf/Behandlung Durch die voranschreitende Schwächung des Immunsystems können sich immer mehr Infektionen ausbreiten, die schließlich zum Tode führen. Eine Heilung ist nicht möglich, es können nur die Folgekrankheiten behandelt werden.

Vorbeugung/Impfung Eine Impfung gibt es derzeit nicht. Da nur die Ansteckung von Katze zu Katze möglich ist, sollten Sie das Streunen Ihrer Katze unterbinden.

• Katzenseuche (Panleukopenie)

Symptome: Zunächst hohes Fieber, starker Durchfall (oft blutig, wässrig) und Erbrechen, Mattigkeit, in der Folge innerliche Austrocknung und Schmerzen.

Erreger/Übertragung: Das Virus, es ist dem Parvovirus ähnlich, das die Parvovirose bei Hunden auslöst, ist sehr widerstandsfähig und leicht übertragbar. Ein direkte Übertragung ist ebenso möglich wie die Ansteckung an Gegenständen, die mit einer kranken Katze in Berührung kamen.

Krankheitsverlauf/Behandlung: Der Krankheitsverlauf richtet sich stark nach dem Zustand der Katze. Junge Katzen können innerhalb weniger Stunden nach Infektion sterben, sehr widerstandsfähige Katzen können eine Infektion auch überleben. Typisch ist neben den genannten Symptomen ein starker Rückgang der weißen Blutkörperchen, was Sekundärinfektionen begünstigt.

Vorbeugung/Impfung: Da die Viren so widerstandsfähig sind und sich über Monate auch außerhalb des Organismus halten können, muss jede Katze geimpft werden.

• Leukose (Katzenleukämie)

Symptome: Die Symptomatik richtet sich sehr danach, welche Blutzellen die Viren befallen. Typischerweise führt eine Infektion zu einem Rückgang der roten oder weißen oder zu einer starken Vermehrung allein der weißen Blutkörperchen. In der Folge kommt es zu einer Immunschwächung oder zu Tumoren.

Erreger/Übertragung: Das Virus gehört zu der Gruppe der Retroviren, ist demnach ein Verwandter der HI- und FI-Viren. Die Übertragung ist allerdings wesentlich einfacher, intensiver Körperkontakt genügt, da das Virus über jede Körperflüssigkeit ausgeschieden wird.

Krankheitsverlauf/Behandlung: Ist die Krankheit noch nicht ausgebrochen, können immunstärkende Präparate den Ausbruch der Krankheit lange hinauszögern. Immunstarke Katzen können das Virus sogar abwehren, und es erkranken letztlich unter 10 % der infizierten Tiere. Zwischen der Infektion und dem Ausbruch der Krankheit können mehrere Jahre liegen, in der die Katze die Viren aber schon ausscheiden und andere infizieren kann. Gegen das Virus selbst gibt es kein Mittel, es können nur die Symptome der Folgeerkrankungen behandelt werden.

Vorbeugung/Impfung: Einzig sinnvolle Vorbeugung ist die Impfung.

Sorgen Sie besser vor!

Dieser gute Ratschlag ist durchaus ernst gemeint! Eine gute Vorsorge liegt nicht nur im Interesse Ihrer Katze, Sie schützen auch Ihre eigene Gesundheit und nicht zuletzt den eigenen Geldbeutel. Auch wenn nicht jede präventive Maßnahme absolut zuverlässig ist, so kann man doch davon ausgehen, dass der Krankheitsverlauf immer in gemäßigteren Bahnen verläuft.

• Tollwut

Symptome: Plötzliches aggressives oder sehr zutrauliches Verhalten, starker Speichelfluss und Verlust der Körperkontrolle (Muskelzucken, Gleichgewichtsstörungen).

Erreger/Übertragung: Das Virus wird von Tier zu Tier über den Speichel übertragen, der in eine offene Wunde gelangen muss. Häufiger Infektionsweg sind Bissverletzungen durch infizierte Wildtiere.

Krankheitsverlauf/Behandlung: Die Viren wandern über die Nervenbahnen ins Gehirn, wo sie sich vermehren, um dann in die Speicheldrüsen zu gehen. Im Gehirn kommt es zu Entzündungen, die die motorischen Ausfälle und die Verhaltensänderungen zu verantworten haben. Bei der „stillen Wut" werden die Tiere sehr anhänglich, bei der „rasenden Wut" tritt eine plötzliche Aggressivität auf. Die Infektion führt immer zum Tod, eine Heilung ist nicht möglich. Verdächtige Tiere werden auf amtstierärztliche Anordnung eingeschläfert, eine sichere Diagnose ist erst nach dem Tod möglich.

Vorbeugung/Impfung: Einzig mögliche, dafür aber auch sichere Vorbeugung ist die regelmäßige Impfung.

Impfschema

8. bis 9. Woche	1. Katzenseuche/Katzenschnupfen
12. Woche	2. Katzenseuche/Katzenschnupfen
ab 14. Woche	Tollwut
ab 16. Woche	1. Leukose, evtl. 1. FIP
3 Wochen später	2. Leukose, evtl. 2. FIP

Auffrischungen

jährlich	Katzenschnupfen, Tollwut, Leukose
alle 1 bis 2 Jahre	Katzenseuche

Impfungen

Gegen viele Infektionskrankheiten gibt es heute wirksame Impfstoffe. Damit der Impfschutz auch wirklich greift, müssen die meisten Impfungen jährlich aufgefrischt werden. Bei der Grundimmunisierung bedenken Sie, dass der vollständige Impfschutz erst nach etwa zwei Wochen erreicht ist. Erst dann hat der Körper genügend eigene Abwehrkräfte gebildet.

Noch immer können sich Katzen vor allem bei Wildtieren mit Tollwut infizieren.
Foto: C. Werrmann

Appetitmangel und allgemeine Unlust sind zwei der Symptome, die Sie aufmerksam werden lassen müssen. Vielleicht ist Ihre Katze krank oder sie fühlt sich nicht wohl. Foto: I. Francais

Mischinfektionen
• „Katzenschnupfen"

Symptome: Typische Symptome einer Infektion der Atemwege – Niesen, leichtes Fieber, Ausfluss – und der Schleimhäute am Kopf, was zur Verweigerung der Nahrungsaufnahme führt, wenn die Mundschleimhäute betroffen sind. In schweren Fällen Entzündungen bis in die Bronchien und eitriger Ausfluss, dann auch Atembeschwerden und Husten.

Erreger/Übertragung: Verantwortlich für die Erkrankung sind vor allem Viren, aber es können auch Bakterien an der Infektion beteiligt sein. Typische Tröpfcheninfektion. Ansteckungsorte sind vor allem die, wo viele Katzen zusammenkommen, wie auf Ausstellungen, im Tierheim, etc.

Krankheitsverlauf/Behandlung:
Der Verlauf ist abhängig von den an der Infektion beteiligten Viren und Bakterien. Von leichten Verläufen, die wirklich nur einem Schnupfen ähneln, kann es zu sehr schweren Infektionen der gesamten Atemwege einschließlich der Lungen kommen. Die Infektion der Gesichtsschleimhäute kann auch zu Geschwüren vor allem im Mund und in den Augen führen. Die Behandlung kann länger dauern, ist aber erfolgversprechend.

Vorbeugung/Impfung:
Meiden Sie möglichst Orte, an denen sich viele Ihnen unbekannte Katzen aufhalten. Gegen die gefährlichsten Erreger gibt es Kombinationsimpfungen.

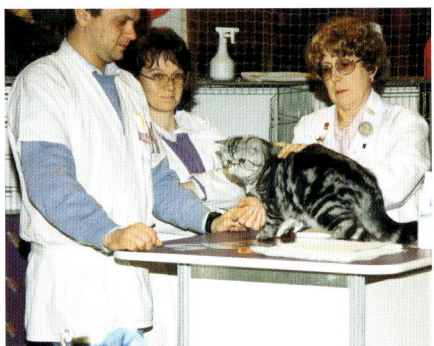

Hautkrankheiten
Veränderungen der Haut können die verschiedensten Ursachen haben. Parasiten wie Flöhe, Milben oder Zecken schädigen die Haut durch ihre Bisse und eventuell auftretende allergische Reaktionen. Viele Hautkrankheiten haben auch bakterielle Ursachen, sind die Folge einer Pilzinfektion oder auch die allergische Reaktion auf ein bestimmtes Futter. Die genaue Diagnose ist schwierig zu stellen und in jedem Fall Sache Ihres Tierarztes.

Foto: M. Deneke

Zahnpflege

Es ist nicht unbedingt einfach, einer Katze die Zähne zu putzen, besonders dann nicht, wenn sie nicht von klein auf daran gewöhnt wurde. Doch die Zahnhygiene ist fester Bestandteil der Gesundheitsvorsorge. Auch wenn man eine Zahnfleischentzündung gerne als Lapalie abtun möchte, kann sie zu schweren Infektionen führen.

Die meisten Menschen halten ihre Katze als reines Liebhabertier. Die Katze wird, gleich ob Kätzin oder Kater, nach Erreichen der Geschlechtsreife kastriert – an eine Zucht ist somit nicht zu denken. Andere lassen ihre Katze zwar auch kastrieren, finden jedoch Spaß daran, sie auf den regelmäßig stattfindenden Katzenausstellungen bewerten zu lassen. Da es immer auch eine Gruppe für Kastraten gibt, ist dies kein Problem. Die dritte Gruppe Katzenhalter, die sicher in der Minderheit ist, beginnt mit ihrer Katze zu züchten. Manche halten einen Kater zum Decken, andere halten sich eine unkastrierte Kätzin, lassen sie belegen und ziehen mit ihr Welpen auf. Auch wenn dieser kleine Ratgeber nicht ausführlich auf Zucht und Ausstellung eingehen kann, soll Ihnen doch zumindest ein Eindruck davon vermittelt werden, was auf Sie mit der Entscheidung, Ihre Katze auszustellen oder mit ihr zu züchten, zukommen kann.

Überlegungen vor der Zucht

Es klingt so banal, ist aber dennoch die Sache, die die größten Einschränkungen mit sich bringt, wenn Sie züchten wollen: Sie müssen sich im Zusammenleben mit einer unkastrierten Katze arrangieren. Eine rollige Kätzin stellt keine geringe Belastung dar. In einer Mietswohnung werden Ihre Nachbarn den ohrenbetäubenden Lärm ihres Schreiens sicher nicht lange mitmachen. Es gibt Medikamente, die die Rolligkeit unterdrücken. Diese Hormonpräparate sollten jedoch nicht auf Dauer gegeben werden. Wollen Sie Ihre Katze belegen lassen, sollte diese zumindest eine Rolligkeit nach dem Ende der Pillengabe durchgemacht haben.

Wichtiges rund um die Zucht

Die Rolligkeit

Katzen werden zwischen dem fünften und neunten Lebensmonat das erste Mal rollig. Zu dieser Zeit befinden sich befruchtungsfähige Eier im Eierstock der Katze. Die Rolligkeit dauert etwa eine Woche. Der Eisprung wird bei Katzen erst durch den Deckakt ausgelöst. Findet keine Paarung statt, bauen sich die befruchtungsfähigen Eier im Eierstock ab. Die Katze wird nach frühstens drei Wochen erneut rollig.

Der Deckkater

Die Haltung eines Deckkaters ist nicht einfach. Unkastrierte Kater markieren ihr Revier und signalisieren ihre Fortpflanzungsbereitschaft, indem sie ihren Urin verspritzen. Dies geschieht etwa ab dem neunten Monat. Der Geruch ist sehr unangenehm. Die Haltung eines unkastrierten Katers ist in den Wohnräumen eigentlich unmöglich.

Der Deckakt

Der Deckakt findet wegen der erwähnten Besonderheiten sinnvollerweise beim Besitzer des Deckkaters statt. Sie bringen Ihre rollige Katze zu dem Züchter, der sie einige Tage bei sich behält. In aller Regel klappt die Belegung, und Sie können Ihre Katze wieder zu sich nach Hause holen. Der Züchter stellt einen Deckschein aus, den Sie bei Ihrem Verein vorlegen müssen. Auch nach erfolgreicher Belegung zeigt die Katze noch einige Tage die typischen Merkmale der Rolligkeit.

Die Trächtigkeit

Die Trächtigkeit dauert bei Katzen etwa neun bis maximal zehn Wochen. Die Kätzchen werden über eine Zeitspanne von meist mehreren Stunden noch mit geschlossenen Augen geboren. Nach etwa zehn Tagen öffnen sich die Augen.

Die erste Geburt

Katzen brauchen bei der Geburt selten unsere Hilfe. Dennoch wird die erste Geburt für die Katze und für Sie als Züchter sehr aufregend sein. Am besten vereinbaren Sie mit einem erfahrenen Züchter, dass er bei der Geburt dabei ist. Sollte es zu Komplikationen kommen, kann er mit seiner Erfahrung bestimmt helfen.

Der Zwingername

Wenn Sie züchten wollen, sollten Sie einem Rassekatzenverein beitreten, der die Abstammungspapiere Ihrer Katze anerkennt. Idealerweise ist dies der Verein, der die Ahnentafel ausgestellt hat. Bei Ihrem Verein können Sie dann Ihren Zwingernamen, also den Namen, unter dem Sie züchten wollen, eintragen und schützen lassen. Der Zwingername wird gleichzeitig auch der „Nachname" Ihrer Katzen.

Voraussetzungen für die Zucht

Welche Voraussetzungen Sie zum Züchten erfüllen müssen, hängt sehr davon
ab, ob Sie innerhalb eines Vereins züchten oder nicht. Wenn Sie jedoch eine
wertvolle Rassekatze mit Abstam-
mungspapieren besitzen, möchten Sie
wahrscheinlich auch, dass die Nachkom-
men diese Papiere erhalten. Das ist aber
nur innerhalb eines Vereins möglich.

Vor der Zucht müssen Sie dann neben den
Vorschriften, die das Tierschutzgesetz
einer Zuchtstätte macht, die Auflagen
Ihres Vereins erfüllen. Diese Auflagen
betreffen vor allem das Alter und den
Gesundheitszustand der Zuchttiere, die
maximale Wurfstärke und Anzahl der
Würfe pro Jahr, ferner die Größe und Aus-
stattung der Zuchtstätte.
Erkundigen Sie sich hierzu vor der Zucht
genau bei Ihrem Verein, denn die Bestim-
mungen sind recht unterschiedlich.

Grundkennt-
nisse in der
Vererbungs-
lehre sind
eine Voraus-
setzung für
die erfolgrei-
che Zucht.
Foto:
I. Francais

Auswahl der Zuchttiere

Es gehört schon etwas Fingerspitzengefühl und züchterischer Verstand dazu, den richtigen Zuchtkater für Ihre Katze auszusuchen. Einfach die beiden bestprämierten Katzen einer Rasse zu verpaaren bringt alleine sicher nicht den gewünschten Zuchterfolg. Vielmehr bedarf es schon eines gewissen Grundverständnisses genetischer Zusammenhänge und natürlich auch eines Quäntchens Glück. Wenn Sie das erste Mal züchten wollen, fragen Sie am besten erfahrene Züchter in Ihrem Klub, worauf diese bei der Auswahl eines zu Ihrer Kätzin passenden Zuchtkaters Wert legen würden. Die Auswahl ist groß. Wenn Sie einmal in die einschlägig bekannte Literartur schauen oder häufiger eine Katzenausstellung besuchen, werden Sie bestimmt den passenden Kater finden – wenn Sie wissen, wonach Sie suchen müssen. Die Halter werden von Ihnen einen Preis für die erfolgreiche Belegung fordern.

Geburt und Aufzucht

Die Trächtigkeit einer Katze dauert zwischen knapp sechzig und siebzig Tagen. Kurz vor der Geburt sucht die Katze ein bequemes Plätzchen auf. Bieten Sie ihr eine Wurfkiste an, die Sie weich auskleiden. Die Katze legt sich unmittelbar vor der Geburt dort hinein und beginnt, sich ausgiebig an der Scheide zu lecken. Eine Katze bringt etwa drei bis sieben Welpen zur Welt. Jeder Welpe hat im Mutterleib seine eigene Fruchtblase und seine eigene Plazenta. Die Welpen werden in unterschiedlich langen Abständen geboren. Die Geburt kann sich über mehrere Stunden hinziehen. Die Kätzin befreit die Jungen aus der Fruchtblase, sofern diese während der Geburt nicht bereits gerissen ist. Danach leckt sie sie sauber und frisst die Nachgeburt auf.

In den folgenden beiden Wochen besteht der Tag der Kätzchen aus Schlafen und Trinken. Die Kätzin muss nun reichlich hochwertiges Futter bekommen, um genügend Milch produzieren zu können. Besprechen Sie mit Ihrem Tierarzt, welche Nahrungszusätze er darüber hinaus empfiehlt. Vitamine und Mineralstoffe in

Kleine Kätzchen sehen besonders niedlich aus. Jeder Katzenhalter wünscht sich insgeheim, einmal selbst zu züchten.
Foto: H. Mehner

Die FIFé

Die FIFé, die Fédération Internationale Féline, ist der größte europäische Dachverband für Rassekatzen. Sie wurde 1949 gegründet und hat ihren gemeldeten Sitz seit 1981 in Genf. Ihr sind weltweit 40 Landesverbände angeschlossen. Der 1. DEKZV e.V., der 1. Deutsche Edelkatzen Zuchtverband, ist der deutsche Dachverband.

richtiger Dosierung helfen Mutter und Welpen in dieser anstrengenden Phase. Ab der dritten Woche beginnen Sie mit ersten Zufütterungen. Geben Sie künstliche Welpenmilch und vermengen Sie diese mit etwas Welpenfutter. Mengen Sie täglich etwas mehr Futter darunter, bis die Kleinen etwa in der achten Woche von der Muttermilch entwöhnt werden.
Komplikationen bei der Geburt und der Aufzucht kann es immer geben. Manche Katze hat Schwierigkeiten während der Geburt, sie nimmt ihre Jungen nicht an oder hat nicht genügend Milch. Deshalb der dringende Rat, bei der ersten Geburt Ihrer Katze einen erfahrenen Züchter in Ihrer Nähe zu haben, der bei Komplikationen schnell helfen kann. Am besten wäre es, er könnte bei der Geburt bei Ihnen sein.

Die Katzenausstellung
Ausstellungen, auf denen Rassetiere vorgeführt werden, genießen in der breiten Bevölkerung einen oft eher zweifelhaf-

ten Ruf. Häufig fällt es auch nicht schwer, darin einen „Jahrmarkt der Eitelkeiten" zu entdecken. Die Motivation des Ausstellers sollte es aber nicht sein, mit seiner prächtigen Katze auch gleich sich selbst ins rechte Licht zu rücken. Obgleich natürlich jeder Züchter stolz darauf sein darf, dass seine Arbeit auch die gewünschten Früchte trägt. Eine Ausstellung dient direkt der Rasse, denn hier werden die ausgestellten Katzen mit dem Zuchtstandard verglichen und dementsprechend bewertet. Eine Ausstellung gibt so ein gutes Bild darüber ab, in welchem Zustand sich eine Rasse befindet. Züchter finden hier geeignete Zuchtpartner für ihre Katzen, künftige Halter können Kontakte zu Züchtern und Vereinen knüpfen und wertvolle Informationen mit nach Hause nehmen.
Voraussetzung für die Teilnahme an einer Ausstellung ist es, dass Sie Mitglied in einem Verein sind und die Abstammungs-

Es muss nicht unbedingt für jede Katze ein eigener Fressnapf bereitstehen. Achten Sie aber immer darauf, dass jede Katze genügend Futter bekommt.
Foto:
K. Kreisel

papiere vom Organisator der Ausstellung anerkannt werden. Ferner müssen Sie Ihre Katze bis zum genannten Meldeschluss der Ausstellung angemeldet und die Anmeldegebühr entrichtet haben. Am Ausstellungstag muss Ihre Katze gesund sein und den vollen Impfschutz besitzen, sonst dürfen sie mit ihr nicht auf das Ausstellungsgelände.

Die Katzen werden in verschiedenen Gruppen beurteilt, die sich in erster Linie nach der Rasse richten. Das Urteil des Richters über Ihre Katze kann natürlich von Ihren Vorstellungen abweichen, muss aber akzeptiert werden. Letztlich liegt die Bewertung trotz der objektiven Standards, die es für jede Rasse gibt, teilweise noch im Ermessen des Richters.

Seien Sie nicht unglücklich, wenn Ihre Katze nicht als Sieger die Ausstellungshalle verlässt. Die Konkurrenz ist groß und vielleicht bewertet ein anderer Richter Ihre Katze auch positiver. Egal wie das Ergebnis auch sein wird, Ihre Katze bleibt bestimmt auch danach Ihr Liebling – und das ist auch das Wichtigste.

Wichtige Adressen

1. DEKZV e. V.
Berliner Str. 13
35614 Asslar
www.dekzv.de

World Cat Federation e. V.
Geisbergstr. 2
45139 Essen
www.wcf-online.de

Hinweis:
Der Verlag Eugen Ulmer ist nicht verantwortlich für Inhalte von Links.

Foto: I. Francai

Register

Die Welt der Katzen

- **Katzensprache für Menschen** übersetzt
- **100 Stichwörter** führen durch die Katzenwelt
- Von **Englands berühmtestem Katzenkenner**

Die Sprache der Katzen.

Mimik, Laute, Körpersignale. Roger Tabor.
2006. 144 S., 245 Farbf., 7 Farbzeichn., geb.
ISBN 978-3-8001-4927-8.

- **Spaß** für die Katze im Alltag
- **Spielideen** für drinnen und draußen
- Mit wenig Aufwand **individuelle** und **witzige Spielzeuge** basteln
- Katzen auf die **sanfte Art** erziehen

Spiel und Spaß mit Katzen.

L. Hüsemann. 2009.
128 S., 94 Farbf., Klappenbroschur.
ISBN 978-3-8001-5913-0.

 **www.ulmer.de**